21 世纪高等职业教育计算机技术规划教材

21 ShiJi GaoDeng ZhiYe JiaoYu JiSuanJi JiShu GuiHua JiaoCai

Visual Basic 程序设计
实用教程

Visual Basic CHENGXU SHEJI SHIYONG JIAOCHENG

刘瑶 主编 江兆银 副主编 孙华峰 主审

钱荣华 林治 王睿 朱迎华 陈乐 编

人民邮电出版社

北 京

图书在版编目（CIP）数据

Visual Basic程序设计实用教程 / 刘瑶主编. -- 北京 : 人民邮电出版社, 2011.2（2021.7重印）
21世纪高等职业教育计算机技术规划教材
ISBN 978-7-115-24375-1

Ⅰ. ①V… Ⅱ. ①刘… Ⅲ. ①
BASIC语言－程序设计－高等学校：技术学校－教材 Ⅳ.
①TP312

中国版本图书馆CIP数据核字(2011)第004714号

内 容 提 要

本书针对初学者的特点，较为系统和详细地介绍了 Visual Basic 语言的基础知识和语法、程序设计方法和开发数据库的方法。本书共分 9 章，主要内容包括：Visual Basic 概述、窗体和菜单、基本控件、数据类型与表达式、Visual Basic 控制结构、数组、过程、文件、数据库应用基础等。每章均含有丰富的知识点，并配有体现相关知识点的课堂实例，细化知识点，循序渐进。同时，每章的课外实践与拓展将课堂知识和技术训练有机结合，培养学生自主学习与自主编程的能力，达到融"教、学、练"三者于一体，适合"任务驱动、实例教学、理实一体化"的教学新模式。

本书适合作为高职高专院校相关专业的计算机教材，也可作为软件学院、计算机培训班的教材，还可作为计算机等级考试二级 Visual Basic 程序设计的培训参考用书以及广大自学者的自学读本。

21 世纪高等职业教育计算机技术规划教材
Visual Basic 程序设计实用教程

◆ 主　　编　刘　瑶
◆ 副 主 编　江兆银
◆ 主　　审　孙华峰
◆ 责任编辑　王　威

◆ 人民邮电出版社出版发行　　北京市丰台区成寿寺路 11 号
　　邮编　100164　　电子函件　315@ptpress.com.cn
　　网址　http://www.ptpress.com.cn
　　固安县铭成印刷有限公司印刷

◆ 开本：787×1092　1/16
　　印张：13　　　　　　　　2011 年 2 月第 1 版
　　字数：314 千字　　　　　2021 年 7 月河北第 12 次印刷

ISBN 978-7-115-24375-1

定价：26.00 元

读者服务热线：(010)81055656　印装质量热线：(010)81055316
反盗版热线：(010)81055315

广告经营许可证：京东市监广登字20170147号

前言

Visual Basic 是微软公司开发的一种可视化应用程序开发工具，其简单、易学、易用，既可以开发个人或小组使用的小型工具，又可以开发多媒体软件、数据库应用程序、网络应用程序等大型软件，已经是一种在国内外得到迅速推广和应用的程序设计语言。因此，近年来很多高职院校把 Visual Basic 程序设计语言作为大学生的入门语言，Visual Basic 程序设计也被纳入计算机等级考试的科目。Visual Basic 6.0 知识体系庞大，涉及内容繁多，为了适应教学需要，我们几位长期在高职院校从事 Visual Basic 教学的教师针对初学者的特点，新编写了这本《Visual Basic 程序设计实用教程》。以新的角度，从 Visual Basic 6.0 庞大的知识体系中选择了最常用、最重要的知识点进行讲解，力图便于教易于学，引导初学者尽快入门。

本书涵盖了计算机等级考试（Visual Basic 语言）考试大纲所规定的考试范围。全书采用"学习导航—学习任务—任务驱动式讲解—课外拓展"的思路精心组织教材内容，遵循学生的认知规律，同时也兼顾知识的完整性和系统性。本书知识讲解避免冗长，直接切入主题；实例选取明确体现出章节学习任务中所需要达到的技术效果，开发制作步骤的阐述通俗易懂。

本书适合作为高职高专院校计算机类的教材，也可以作为等级考试的培训教材使用。本书每章都附有一定数量的思考与练习，用以帮助学生巩固所学知识。本书还为教师配备了 PPT 课件、实例程序源代码、教学大纲等丰富的教学资源，任课教师可到人民邮电出版社教学服务与资源网（www.ptpedu.com.cn）免费下载使用。本书的建议授课学时为 45～64 学时，其中实践环节为 20～24 学时。

本书由刘瑶担任主编，江兆银担任副主编。江苏省扬州职业大学信息工程学院的孙华峰院长主审了全书，并提出了很多宝贵的修改意见。钱荣华、林治、王睿、朱迎华、陈乐参与了部分章节的编写工作。在编写和出版过程中，江苏省扬州职业大学的各级领导和信息工程学院的老师也给予了支持和帮助，在此一并表示诚挚的感谢！

由于时间仓促，加之编者水平有限，书中难免存在错误和疏漏之处，恳请广大读者不吝批评指正。

编 者
2010 年 12 月

目　录

第 1 章　Visual Basic 概述

【教学重点】

Visual Basic 开发程序的一般流程。

【学习任务】

本章的主要任务描述如下。

➤ 熟悉 Visual Basic 软件的开发环境，学会启动和退出程序的方法。

➤ 了解程序设计的基本概念，掌握面向对象设计的基本方法。实现数据显示和清除的简单功能。

➤ 掌握控件添加和编辑的方法，学会对象属性的设置，了解编写事件过程代码的方法。实现文本信息的复制。

1.1　Visual Basic 简介和集成开发环境

任务 1：熟悉 Visual Basic 软件的开发环境，学会启动和退出程序的方法。

Visual Basic 是 Microsoft 公司成功的编程语言产品之一，在全世界拥有数以百万计的用户。它功能强大，容易掌握，即使是非专业人员也能胜任，并可以在较短的时间内开发出质量高、界面好的应用程序，所以深受人们青睐。

1.1.1　Visual Basic 简介

Visual Basic（简称 VB）是运行于 Windows 平台下的一种可视化的高级编程语言。它是在 Basic 语言基础上发展而来的，主要提供了集菜单、工具栏、编程工作窗口于一身的集成工作环境，可以直接把应用程序编译输出成 EXE 可执行文件，在 Windows 中运行。

VB 语言采用面向对象的程序设计方法（OOP），把具有共性的程序和数据封装起来视为一个对象（Object），每个对象都作为一个完整的独立组件出现在程序中。在设计过程中只需要使用控件箱中的现有控件，根据设计要求，直接制作出不同类型的对象并设置其属性，然后再根据不同对象发生的事件编写相应的代码。这样的应用程序代码一般较短，简单易学，易于维护。

Microsoft 公司于 1991 年推出了 Visual Basic 1.0 版，获得巨大成功，接着于 1992 年秋天推出 2.0 版，1993 年 4 月推出 3.0 版，1995 年 10 月推出 4.0 版，1997 年推出 5.0 版，1998 年推出 6.0 版。随着版本的改进，VB 逐渐成为简单易学、功能强大的编程工具。

VB 6.0 包括以下 3 个版本，以满足不同层次的用户需要。

（1）学习版：Visual Basic 的基础版本，它包括所有的内部控件以及网格、选项卡和数据绑定控件，可以用来开发 Windows 的应用程序，适用于初学者。

（2）专业版：主要为计算机专业编程人员提供功能完备的开发工具，它包含学习版的所有功能，还包括了 ActiveX 和 Internet 控件开发工具等高级特性。

（3）企业版：它是 Visual Basic 6.0 的最高版本，功能最全，它允许专业人员以小组的形式创建强大的分布式应用程序。

企业版价格较高，对大多数用户来说，专业版完全可以满足需要。本书使用的是 VB 6.0 中文企业版，但介绍的内容可适用于专业版和学习版。

1.1.2　启动和退出 Visual Basic

使用 VB 开发一个 Windows 应用程序，必须先启动 VB 集成环境。作为 Windows 的应用程序，启动 VB 与运行其他应用程序的方法一样。

启动计算机后，单击"开始"|"程序"|"Microsoft Visual Basic 6.0 中文版"命令，即可启动 VB，调出"新建工程"对话框的"新建"选项卡，如图 1-1 所示。在该选项卡中给出了要选择建立的项目类型，选择不同的项目，可以确定使用 VB 开发的应用程序的类型。

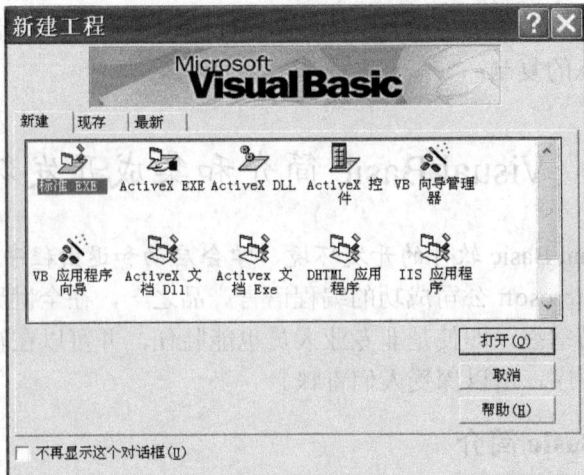

图 1-1　"新建工程"对话框

在"新建工程"对话框中，选择"标准 EXE"项目类型，再单击该对话框中的"打开"按钮，即可调出 VB 6.0 的集成开发环境，如图 1-2 所示。该开发环境包括标题栏、菜单栏、工具栏、工具箱（也叫控件箱）、窗体、"工程资源管理器"窗口、"属性"窗口、"窗体布局"窗口等，基本涵盖了开发应用程序者设计、编辑、编译和调试等功能。

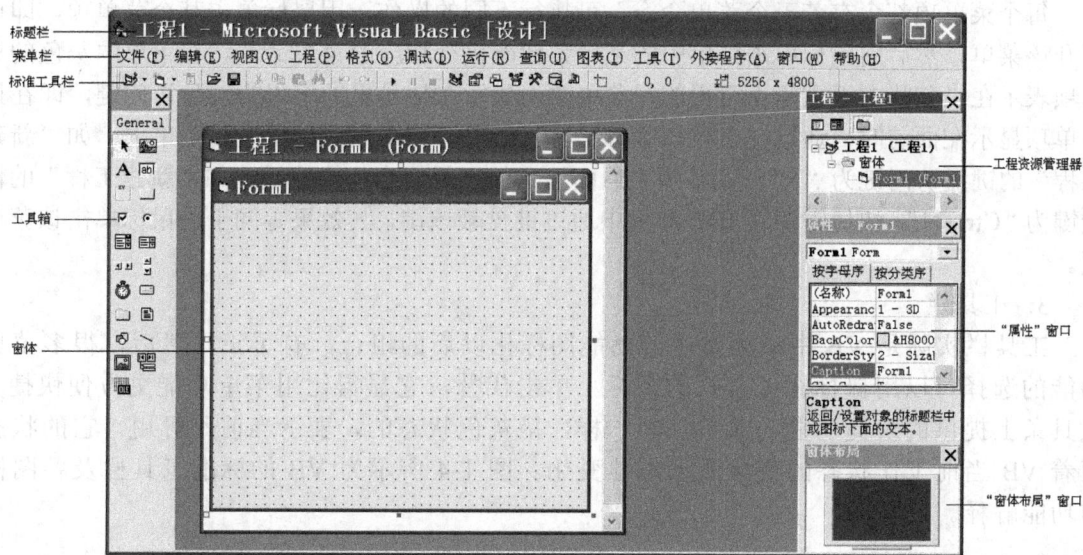

图 1-2 VB 6.0 的集成开发环境界面

退出 Visual Basic 时可以先打开"文件"菜单，再执行其中的"退出"命令（或按 Alt+Q 快捷键）。如果当前程序已修改过并且没有存盘，系统将显示一个对话框，询问用户是否将其存盘，此时选择"是"按钮则存盘，选择"否"按钮则不存盘。在上述两种情况下，都将退出 Visual Basic，回到 Windows 环境。

1.1.3 认识 Visual Basic 的集成开发环境

进行 VB 应用程序的开发，应当从熟悉 VB 集成开发环境开始。在 VB 中，应用程序也称为工程，刚进入 VB 集成环境时（见图 1-2），VB 就建立了一个名为"工程 1"的新工程。VB 通过工程组织应用程序的开发，使用工程管理构成应用程序的所有文件。

1．标题栏

标题栏是屏幕顶部的水平条，它显示的是应用程序的名字。启动 VB 后，标题栏中显示的信息为：

工程 1— Microsoft Visual Basic[设计]

方括号中的"设计"表明当前的工作状态是"设计阶段"。随着工作状态的不同，方括号中的信息也随之改变，可能是"运行"或"Break"，分别代表"运行阶段"或"中断阶段"。这 3 个阶段也分别称为"设计模式"、"运行模式"和"中断模式"。

2．菜单栏

菜单栏位于主窗口的标题栏的下面一行，其中提供了标准菜单"文件"、"编辑"、"视图"、"窗口"、"帮助"和用于编程及调试用的菜单"工程"、"格式"、"调试"、"运行"、"查询"、"图表"、"工具"、"外接程序",如图 1-3 所示。

文件(F) 编辑(E) 视图(V) 工程(P) 格式(O) 调试(D) 运行(R) 查询(U) 图表(I) 工具(T) 外接程序(A) 窗口(W) 帮助(H)

图 1-3　VB 菜单栏

每个菜单项都含有若干个菜单命令,可执行不同的操作。用鼠标单击某个菜单项,即可打开该菜单,然后用鼠标单击菜单中的某一条就能执行相应的菜单命令。在菜单中灰色的菜单项表示在当前状态下它是不可用的;菜单项中显示在括号里的字母为键盘访问键,即在该菜单项显示在面前时,通过键盘按该字母键,其效果等同于用鼠标单击该菜单项,如"新建工程"的键盘访问键为"N";菜单项名后面显示的字母组合为快捷键,如"新建工程"的快捷键为"Ctrl+N",快捷键即在 IDE 环境中通过键盘敲该键,其效果等同于用鼠标单击该菜单项。

3．工具栏

工具栏实际是 VB 中最为常用的功能图标化以后的组合,有了工具栏后,很多菜单功能的选择可以用鼠标在工具栏的图标上单击代替,它显得比用菜单功能更方便快捷。工具条上提供的快捷功能与菜单功能一样,呈灰色状态的,表示当前不可用,它的状态随着 VB 当前工作状态的变化而动态地变化。图 1-4 所示为 VB 的标准工具栏及各图标的功能解释。

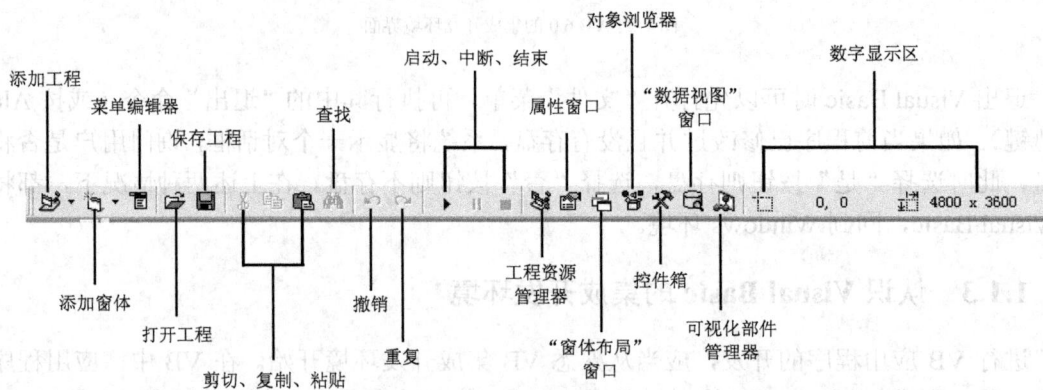

图 1-4　VB 标准工具栏

VB 标准工具栏与其他 Windows 应用程序窗口一样,中文 VB 6.0 还有其他工具栏,例如"编辑"工具栏和"窗体编辑器"工具栏等。单击"视图"|"工具栏"菜单下的命令即可显示或隐藏相应的工具栏,如图 1-5 所示。

4．控件箱

控件是构成 VB 程序的重要组成部分,控件箱(又可以称为工具箱)是控件的选用区,可从控件箱选择控件,然后在窗体中按下鼠标左键绘制该控件,以创建程序用户界面。

有一部分控件是 VB 固有的,不能从工具箱中删除它们,它们驻留在 VB 内部,称为内部控件,又称为标准控件,它们的功能说明如图 1-6 所示。

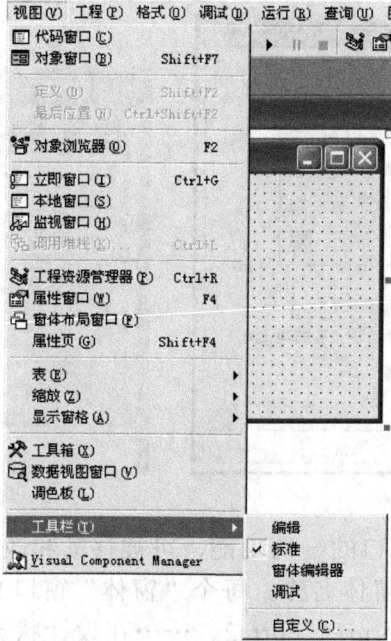

图 1-5　工具栏选项菜单

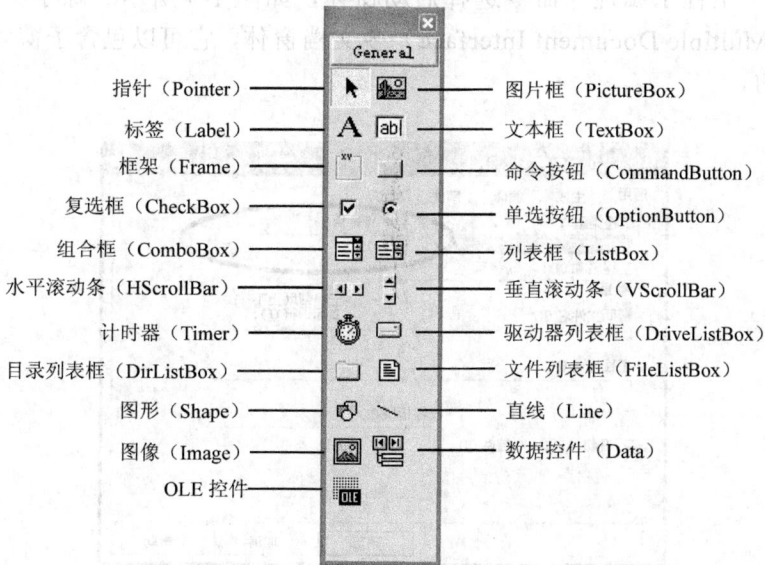

图 1-6　标准控件说明

其他一些存在于 VB 之外的后缀为.OCX 文件中的控件可以添加到工具箱中，也可以从工具箱中删除。添加这一类控件可采用如下的方法：在"工程"下拉菜单中选择"部件"，就会出现如图 1-7 所示界面，选择好后单击"确定"即可。

5．窗体

窗体是 VB 应用程序开发的基本模块，在窗体设计窗口中使用控件箱向窗体添加控件。窗体界面如图 1-8 所示。

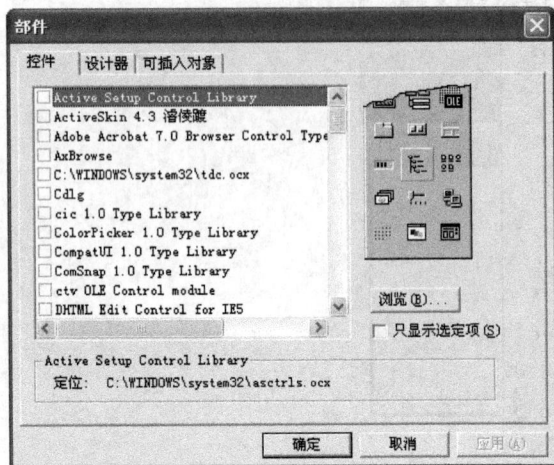

图 1-7　"部件"对话框

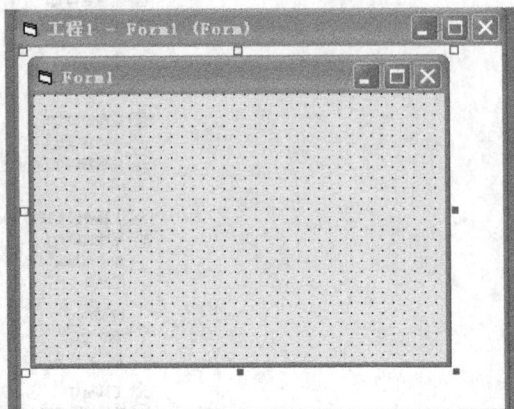

图 1-8　窗体设计窗口

"窗体"窗口具有标准窗口的一切功能，可被移动和改变大小。"窗体"的标题栏用来显示窗体隶属的工程名和窗体名称。每个"窗体"窗口必须有一个唯一的窗体名称，建立窗体时默认的名称是 Form1、Form2、……在设计状态下，窗体是可见的。在 VB 中，一个工程就是一个应用程序，它至少要有一个"窗体"窗口，当有多个窗体时，可单击"工程"|"工程 1 属性"命令选择启动窗体，如图 1-9 所示。除了一般窗体外，还有一种 MDI（Multiple Document Interface）多文档窗体，它可以包含子窗体，并且每个子窗体都是独立的。

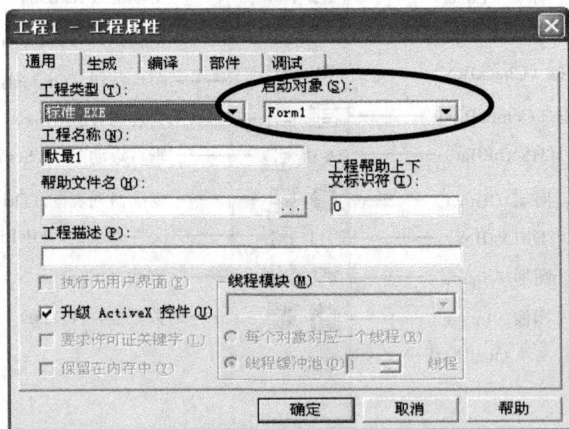

图 1-9　"工程 1-属性"对话框

在窗体设计窗口中可以打开代码编写窗口。在代码编写窗口中可以编写 VB 程序代码，可以通过用鼠标双击窗体或者窗体上的控件来打开代码窗口，如图 1-10 所示。编写代码只能在特定窗体或控件的事件代码结构体中进行，例如，

```
Private Sub Form_Click()
…
End Sub
```

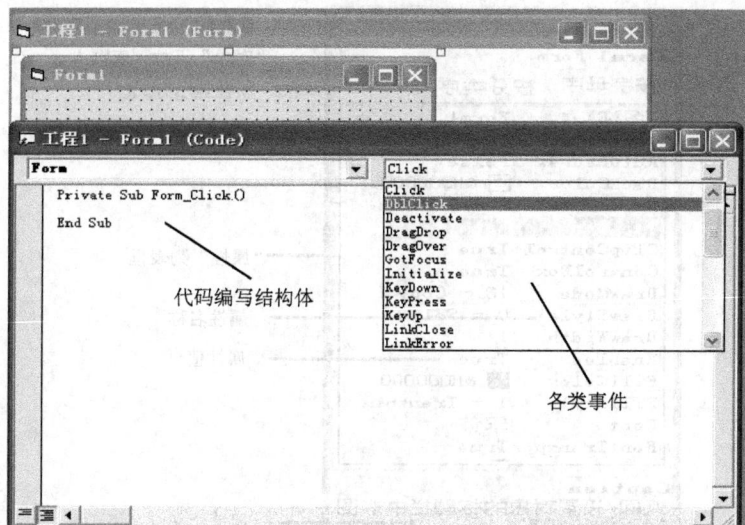

图 1-10　代码窗口

它表示 Form1 窗口的 Click 事件，即程序运行时单击该窗体该代码段将被执行。代码编写完后单击代码窗口右上角的关闭图标即可关闭代码窗口回到窗体窗口。在进行程序设计的过程中，代码编辑窗口与窗体窗口之间的切换是必需的，而且往往是频繁的。

6．工程资源管理器

VB 为了对工程资源进行有效地管理，提供了工程资源管理器。单击"视图"|"工程资源管理器"命令，即可调出"工程"窗口，如图 1-11 所示。

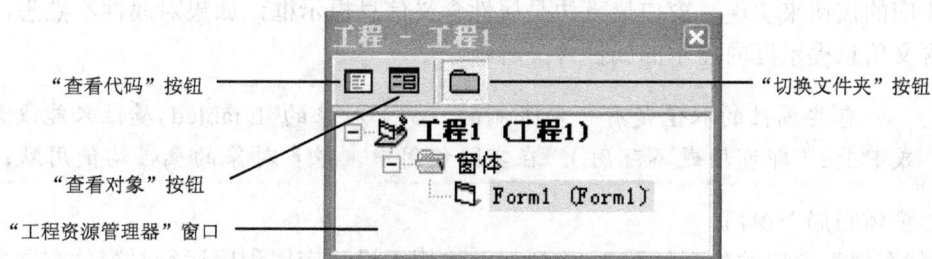

图 1-11　"工程"窗口

该窗口以树形结构图的方式列出了组成当前工程的所有窗体文件和模块文件，类似于 Windows 资源管理器。用户通过该窗口可快速进入该工程的某窗体或模块的编辑操作，这对于编辑、修改、维护那些较大而复杂的工程很有意义。比如，用户可先在目录中选定欲编辑的窗体或模块，再单击窗口左上角的"查看对象"或"查看代码"，进入应用程序界面的修改或代码编辑窗口。

7．"属性"窗口

"属性"窗口主要是针对窗体和控件设置的。在 VB 中，窗体和控件被称为对象，每个对象都可以用一组属性来刻画其特征，而属性窗口就是用来设置和描述窗口或窗体中控件属性的，如图 1-12 所示。

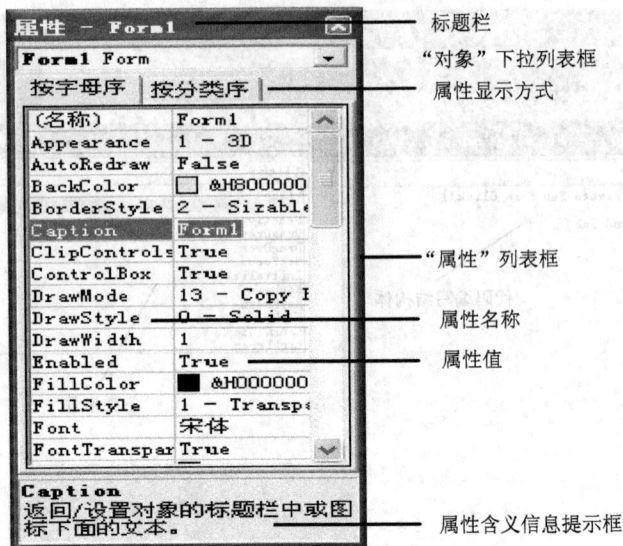

图 1-12 "属性"窗口

在"属性"窗口中，标题栏内显示的是当前对象的名称，标题栏下边是"对象"下拉列表框，用户可以在其中选择所需的对象名称。当启动 VB 时，对象框中只含有窗体的信息，随着窗体中控件的增加，将把这些对象的有关信息加入到对象框的下拉列表中，"属性"窗口也会随着选择对象的不同而发生改变。

"属性"列表框列出了对象的属性名称（左边）和属性值（右边），用户可以通过改变右边的取值来改变对象属性值。属性显示方式分为两种，即按字母顺序和按分类顺序，分别通过单击相应的按钮来实现。窗口最下边是属性含义信息提示框，如果对属性不熟悉，可以参考属性含义信息提示框内显示的属性含义解释。

> 有些属性的取值是有一定限制的，例如对象的 Enabled 属性只能设为 True 或 False（即可用或不可用）。在实际使用中，很多对象的属性均使用默认值。

8．"窗体布局"窗口

"窗体布局"窗口的外观如图 1-13 所示，它用于设计应用程序运行时窗体在屏幕上的位置。在"窗体布局"窗口中有一个计算机屏幕，屏幕中有一个窗体 Form1。用鼠标将 Form1 拖曳到适合的位置，程序运行后，Form1 将出现在屏幕中对应"窗体布局"窗口的位置。

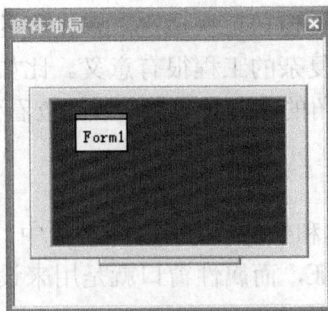

图 1-13 "窗体布局"窗口

1.1.4　课堂实例 1——运动的字符

【实例学习目标】

"运动的字符"程序。首先新建工程，在属性窗口中将 Form1 的标题设置为"运动的字符"。在窗体的左侧添加标签和时钟控件，将标签内容设为"可移动的文字"。当程序运行时，文字标签将不断向右移动。通过这个简单的实例，大家能基本了解 VB 软件的开发环境。

程序界面如图 1-14 所示。

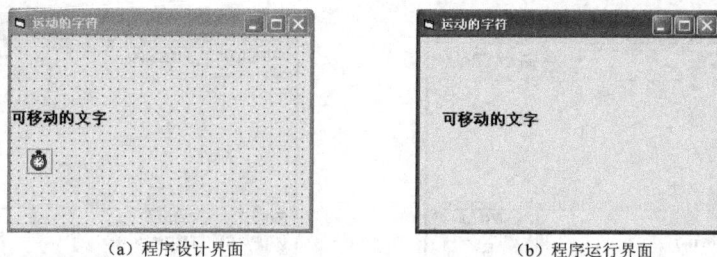

| (a) 程序设计界面 | (b) 程序运行界面 |

图 1-14　课堂实例 1 的界面

【实例程序实现】

（1）启动 VB 程序，建立新工程。用鼠标拖曳 Form1 窗体四周的灰色方形控制柄，适当调整窗体的大小。

（2）单击控件箱中的 Label（标签）控件，在 Form1 窗体的左侧拖曳鼠标，创建一个标签对象；用同样的方法再添加一个时钟控件，程序设计界面如图 1-14（a）所示。

（3）通过属性窗口修改对象的属性值，具体设置如表 1-1 所示。

表 1-1　课堂实例 1 的对象属性设置

对　　象	属　　性	设　　置
Form1	Caption	运动的字符
Label1	Caption	可移动的文字
Timer1	Interval	100

> 为了标签文字的美观，还可以进一步设置 Label1 的 AutoSize、Font 等属性，关于这些属性的使用方法，将会在第 2 章中详细阐述。

（4）输入代码程序。

鼠标双击时钟控件，调出"代码"窗口，在"代码"窗口中输入代码，事件过程如下：

```
Private Sub Timer1_Timer()
Label1.Left = Label1.Left + 10    '将标签每隔 1/10 秒向右移动 10Twip
End Sub
```

> 单位 Twip 即"缇"，是系统默认单位，长度约为 1 英寸的 1/1440，与屏幕无关。

（5）运行程序。

单击工具栏的启动按钮 ▶，观察程序运行效果，如不满意，可单击结束按钮 ■，进入设计模式重新修改。

（6）保存程序。

程序设计完成后单击"文件"｜"保存工程"命令，调出"文件另存为"对话框，如图 1-15 所示。选择合适的文件夹（如"课堂实例 1"），输入文件名称"Form1.frm"（窗体的扩展名为.frm），单击"保存"按钮，将窗体文件保存，同时系统调出"工程另存为"对话框，如图 1-16 所示。输入工程文件名"工程 1.vbp"（工程的扩展名为.vbp），单击"保存"按钮，即可将工程文件保存。

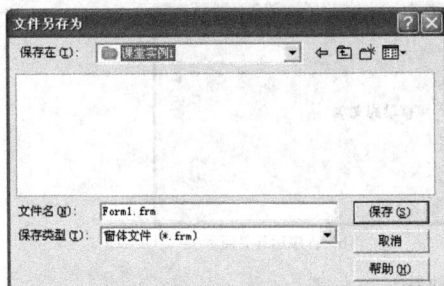

图 1-15　"文件另存为"对话框　　　　　　　图 1-16　"工程另存为"对话框

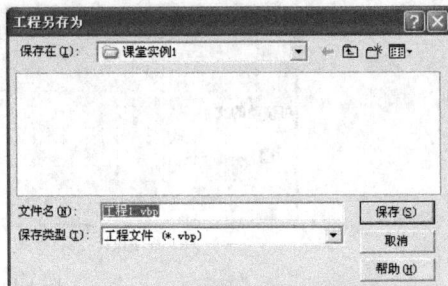

如果计算机已安装了 SourceSafe 软件，则会调出一个"Source Code Control"提示框，提示用户是否将工程加入 SourceSafe。单击"No"按钮，即可完成保存文件的工作。

1.2　面向对象程序设计基础

任务 2：了解面向对象程序设计的基本概念，掌握面向对象程序设计的编程方法。编写小程序，能实现显示与清除数据的功能。

1.2.1　面向对象程序设计的基本概念

面向对象的程序设计（Object Oriented Programming，OOP）是一种主流的软件开发方法，它能够有效地改进结构化程序设计中存在的问题，它采用面向对象的方法来解决问题，不再将问题分解为过程，而是将问题分解为对象。

面向对象的软件开发方法在 20 世纪 60 年代后期首次提出，以 60 年代末挪威奥斯陆大学和挪威计算中心共同研制的 SIMULA 语言为标志，面向对象的基本要点首次在 SIMULA 语言中得到了表达和实现。后来一些著名的面向对象语言（如 Smalltalk 、C++ 、Java 、Eiffel）的设计者都曾从 SIMULA 中得到启发。随着 20 世纪 80 年代美国加州的 Xeror 研究中心推出 Smalltalk 语言和环境，使面向对象程序设计方法得到了比较完善的实现。Smalltalk-80 等一系列描述能力较强、执行效率较高的面向对象编程语言的出现，标志着面向对象的方法从技术开始走向实用。面向对象方法和技术经历 40 多年的研究和发展，已经越来越成熟和完善，应用也越来越深入和广泛。

面向对象方法的本质就是主张从客观世界固有的事物出发来构造系统，提倡用人类在现实生活中常用的思维方法来认识、理解和描述客观事物，强调最终建立的系统能够影射问题域，也就是说，系统中的对象以及对象之间的关系能够如实反映问题域中固有事物及其关系。

　　在面向对象的程序设计中，把具有共性的程序和数据封装起来视为一个对象，对象是应用程序的基本单元，每个对象都作为一个完整的独立组件出现在程序中。面向对象的程序设计主要将问题抽象成许多类，对象是类的实例，程序是由对象和针对对象进行操作的语句组成的。所以类与对象是面向对象程序设计中最重要的概念，如果要掌握面向对象程序设计技术，首先要很好地理解这两个概念。

　　1．对象

　　对象（Object）是指可以独立存在的、可以被区分的，具有一定结构、属性和功能的"实体"，也可以是一些概念上的实体，是代码和数据的集合。在日常生活中，对象就是我们认识世界的基本单元，整个世界就是由各种各样的对象构成的，例如，一个人、一辆汽车、一个足球等。对象还可以包含其他对象，也就是说对象可以由多个子对象组成。例如，汽车就是由车身、车轮等对象组成的；计算机就是由主机、显示器、键盘和鼠标等对象组成的；整个世界都可以认为是一个非常复杂的对象。

　　现实世界中的对象既具有静态的属性（或称状态），又具有动态的行为（或称操作、功能）。例如，每个人都有姓名、性别、年龄等属性，都有吃饭、走路、睡觉等行为。所以在现实世界中，对象一般可以表示为：属性+行为。

　　在面向对象程序设计中，对象是描述其属性的数据以及对这些数据施加的一组操作封装在一起构成的统一体。对象可以认为是：数据+操作。对象所能完成的操作表示它的动态行为，通常也把操作称为方法。

　　作为一种最常用的面向对象的程序设计语言，Visual Basic 的基本单元就是对象，用 VB 设计程序就是用对象组装程序。在 VB 程序设计中，整个应用程序就是一个对象，应用程序中还包含着窗体、命令按钮、列表框等对象。例如，在上一节的课堂实例 1 "运动的字符"程序中窗体（Form1）、标签（Label1）、时钟（Timer1）就是程序的 3 个对象；而它们的 Caption 属性值则代表了它们不同的特性。

　　2．类

　　类（Class）是对象的模板，是对一组具有共同的属性特征和行为特征的对象的抽象。例如，由一个个大学生构成的"大学生"类，而其中的每一个大学生是"大学生"类的一个对象。类在现实世界中并不真正存在。例如，在地球上并没有抽象的"人"，只有一个个具体的人，如张三、李四……

　　类和对象之间的关系是抽象和具体的关系。一个类的所有对象都有相同的数据结构，并且共享相同的实现代码。在面向对象的程序设计中，总是先声明类，再由类生成其对象。类是建立对象的"模板"，按照这个模板所建立的一个个具体的对象就是类的实际例子，通常称为实例。比如，工厂中利用模具制造零件，做出的零件都是一样的，它们都具有共同的特征，所以这个模具就好比是"类"，而做成的零件就好比是"对象"。

　　3．方法

　　方法（Method）就是要执行的动作，每个方法完成一个功能。在 VB 中，方法就是针对对象进行操作的程序和改变对象属性值的程序，它主要隐藏了控件特性的实现细节，编程人员可以按照约定直接调用它们，从而免去了大量的编程任务。同属性一样，每个控件都有自己的方法，其中有一些方法是许多控件所共有的，例如，Drag 方法用于控制控件的拖曳操作，Move 方法用于控件的移动操作，SetFocus 方法用于将焦点移到指定的控件或窗体等。

4．事件

事件（Event）是指由用户或操作系统引发的动作。对于对象而言，事件就是发生在该对象上的事情。例如，有一个按钮对象，单击按钮就是发生在这个对象上的一个事件。事件的产生方式多种多样，如有鼠标事件、键盘事件等；对于同一类事件具体又有不同的形式，例如键盘事件，又可以分为 KeyDown 事件、KeyUp 事件和 KeyPress 事件。在 VB 程序设计中，开发者可通过针对控件的不同事件编写代码，使之实现一定的功能，从而达到开发的目的。

当程序运行时，它会先等待某个事件的发生，然后再去执行处理此事件的事件过程。事件过程要经过事件上的触发才会被执行。所以，代码的执行不再是按照预定的流程，而是由响应事件的顺序来决定代码执行的顺序。

1.2.2 面向对象程序设计的编程步骤

在使用面向对象的程序语言进行编程时，一般要先设计应用程序的外观以及各对象的属性，然后分别编写各个事件的程序代码和其他处理程序，最后再进行调试、运行、保存。下面将以 Visual Basic 程序设计语言为例简单介绍程序开发的一般步骤。

1．创建界面

界面是用户和程序交互的桥梁，在实际开发时，一般应根据程序的功能要求和用户与程序之间的信息交流的需要，来确定需要哪些对象，规划界面的布局，创建应用程序的界面。

用户界面一般由窗体和控件组成，所有的控件都放在窗体上（一个窗体最多可容纳 255 个控件），程序中的所有信息都要通过窗体显示出来，它是应用程序的最终界面。

启动 VB 后，屏幕上将显示一个空白窗体，默认名称为 Form1（如果要建立新的窗体，可以通过"工程"菜单中的"添加窗体"命令来实现）。在窗体中添加合适的控件后，即完成了界面的创建工作。

2．设置对象属性

建立界面后，就可以设置窗体和每个控件的属性，如对象的名称、颜色、大小等。大多数属性值既可以在设计时通过"属性"窗口来设置（如"课堂实例 1"），也可以在程序代码中通过编辑程序进行修改。

3．编写事件代码

界面仅仅决定程序的外观，设计完界面后要通过代码窗口来添加代码，实现一些在接收外界信息后做出的响应、信息处理等任务，最终向用户做出回应、显示结果。在多数情况下，特别是小型应用程序，所编写的程序通常是由事件过程组成，即针对控件或窗体的事件编写代码。

可以用以下 4 种方法进入事件过程（即打开"代码窗口"）。

（1）双击已建立好的控件；

（2）执行"视图"菜单中的"代码窗口"命令；

（3）按 F7 键；

（4）单击"工程资源管理器"窗口中的"查看代码"按钮。

进入事件过程后，可以编写或修改相应的事件过程代码。事件在程序中的表示格式如下：

```
Private  Sub 窗口或控件名称_事件名称（[形参表]）
    [程序段]
End  Sub
```

➢　语句"Private Sub 窗口或控件名称_事件名称([形参表])"和"End　Sub"需成对出现，它们表示事件的开始和结束。

➢　"窗体或控件名称"与"事件名称"通过下划线连接在一起，共同构成事件的具体名称和作用对象。其中窗体的名称统一确定为"Form"，而控件名则由"属性"窗口中的"名称"属性来规定。

➢　"形参表"是可选项，是与事件相关的参数列表，若有多个参数，之间用逗号分隔。

➢　"程序段"部分也是可选项，如果省略，则发生该事件时不执行任何操作。如果该部分有具体的程序代码，当发生该事件时，会自动执行这些程序代码。例如，

```
Private Sub Command1_Click()
        Print "你好!"
End Sub
```

这段代码表示：当按钮对象（Command1）发生单击（Click）事件时，将会在窗口上显示文字"你好!"。

由于程序员的大部分时间都花费在编写代码上，所以在 VB 编程中关于程序段的书写需注意以下事项。

（1）变量的命名要遵循一定的规则。

不能使用 VB 系统已有的关键字或保留字（具体的变量命名规则见第 3.2 节）。

（2）代码的书写规则。

在 VB 的代码编辑窗口输入程序代码时，一个回车表示一条语句输入结束。如遇到长语句需转行书写，可以在上一行的末尾使用续行符（一个空格后面跟一个下划线"_"），再输入回车。它表示下一行输入的内容是上一行的继续。

一般来说，一行只有一个 VB 语句，不用终结符。如需将多个语句放在同一行，只要用冒号（:）将它们分开。例如，

```
Label1.Enabled = False: Text1.Enabled = False: Command1.Enabled = False
```

（3）在代码中需增加必要的注释。

在 VB 程序代码中，注释语句是一种非执行语句，即这种语句在程序运行时并不会被计算机执行。通常 VB 用绿色表示注释语句。

注释语句以 rem 或单引号"'"开头，内容为代码段的注释，用来方便程序的阅读。注释可以和语句在同一行，并写在语句的后面，也可单独占据一整行。例如，

```
Command1.Enabled = False        '使按钮无效
```

在同一行内，续行符后面不能加注释。

4．运行和调试程序

当运行程序出错时，VB 系统会显示相应的提示信息。另外，还可以通过执行"调试"和"运行"菜单下的命令来查找和排除 VB 程序中的错误。

5. 保存文件

单击"文件"|"保存工程"命令,调出"文件另存为"对话框,如图 1-15 所示。利用该对话框可以将创建的程序保存为工程文件(扩展名为.vbp)、窗体文件(扩展名为.frm 和.frx)和标准模块文件(扩展名为.bas)等。

有时为了使程序能脱离 VB 环境运行,可通过"文件"|"生成工程 1.exe"命令来生成可执行程序(.exe 文件),以后即可直接执行该文件。

1.2.3 课堂实例 2——显示、清除以及复制文本

【实例学习目标】

"显示、清除以及复制文本"这一程序,要求建立一个小型应用程序,通过按钮单击事件进行标签文字的显示、清除以及复制到另一个标签中。通过这个实例,读者能基本掌握以 VB 为代表的面向对象程序设计的一般开发步骤,初步形成良好的编程风格。

程序运行界面如图 1-17 所示。

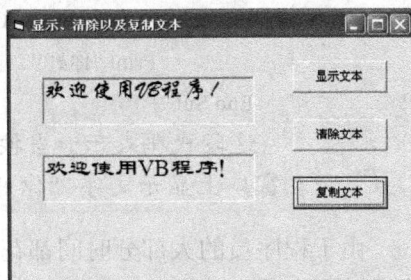

【实例程序实现】

图 1-17 课堂实例 2 的运行界面

(1)启动 VB,新建工程 1。调整 Form1 窗口的大小,添加两个标签控件:(Label)和 3个按钮控件(Command)。

(2)通过属性窗口修改对象属性,具体设置参数如表 1-2 所示。

表 1-2 课堂实例 2 的对象属性设置

对　　象	属　　性	设　　置
Form1	Caption	显示、清除以及复制文本
Label1	BorderStyle	1-Fixed Single
	Caption	空
	Font	华文行楷,小二
Label2	BorderStyle	1-Fixed Single
	Caption	空
	Font	隶书,小二
Command1	Caption	显示文本
Command2	Caption	清除文本
Command3	Caption	复制文本

注意　　为了程序界面的美观,可以通过"格式"菜单中的命令调整各个控件的大小、对齐方式等。

(3)输入代码程序。

鼠标双击按钮,调出"代码"窗口,在不同按钮的单击(Click)事件中编写不同的代码,具体代码如下。

```
Private Sub Command1_Click()
    Label1.Caption = "欢迎使用 VB 程序！"
End Sub


Private Sub Command2_Click()
    Label1.Caption = ""
End Sub


Private Sub Command3_Click()
    Label2.Caption = Label1.Caption
End Sub
```

（4）运行调试程序。

单击工具栏的启动按钮，程序开始运行。分别单击 3 个按钮，触发相应的事件，观察效果。如不满意，可终止程序运行，进入设计模式继续修改。

> **说明**　如遇到较为复杂的程序，可通过逐语句运行或设置断点的方式找出错误点，再进行修改。

（5）保存程序。

程序设计完成后单击"文件"|"保存工程"命令，将文件分别以"Form1.frm"、"工程1.vbp"的形式保存在合适的文件夹中。

单击"文件"|"生成工程 1.exe"命令，选择合适的文件名和路径，生成能脱离 VB 运行的可执行文件。

思考与练习

1．VB 的集成开发环境由哪些部分组成？
2．VB 标准控件箱是用来做什么的？常用的控件有哪些？如何添加新控件？
3．面向对象程序设计中的事件和方法有何区别？
4．面向对象程序设计中类和对象是什么关系？
5．利用 VB 进行程序开发有哪些基本步骤？

【课外实践与拓展】

1．设计一个程序，当单击窗口时，标签中显示"欢迎光临！"的文字效果。
2．参照课堂实例 1，当程序运行时，标签文字将不断地向左移动。

第 2 章　窗体和菜单设计

【学习导航】

学 习 目 标	知 识 要 点	能 力 要 求
设计窗体	窗体的主要属性和常用事件	掌握设置窗体属性的方法并能编写响应窗体事件的代码
基本控件	（1）标签和文本框的区别 （2）命令按钮的应用	能正确且熟练地选择和使用基本控件
菜单制作	下拉式菜单和弹出式菜单的设计	能够在自己所设计的应用程序上加上菜单
焦点与 Tab 顺序	焦点的重要概念和设置 Tab 顺序	学会设置焦点和调整控件的 Tab 顺序

【教学重点】

窗体的主要属性、基本控件的使用、下拉式菜单的设计。

【学习任务】

本章的主要任务描述如下。

➢ 了解窗体的基本属性、事件和方法，并能设计和编写窗体的简单事件代码。
➢ 利用常用的窗体、标签、文本框和命令按钮编写简单的、可视化界面良好的小程序，了解程序的调试。实现一个类似记事本的文本编辑器。
➢ 掌握菜单设计的基本概念，利用菜单编辑器设计菜单，学会下拉式菜单的制作以及弹出式菜单的调用。实现在自己设计的应用程序中加入菜单。
➢ 掌握焦点这个十分重要的概念，学会设置焦点和调整控件的 Tab 顺序。实现信息输入程序。

2.1　窗体的设计

任务 1：了解窗体的基本属性、事件和方法，并能设计和编写窗体的简单事件代码。

窗体是 Visual Basic 中的重要对象。窗体除了有自己的属性、事件和方法，还可以作为其他控件的容器。窗体是一块"画布"，在窗体上可以直观地建立应用程序。编写 Windows 应用程序实际就是设置窗体的属性并编写响应事件的代码。

2.1.1 窗体概述

窗体的结构与 Windows 下的窗口类似，在程序运行前，即设计阶段，称为窗体；程序运行后也可以称为窗口，窗体与 Windows 下的窗口不但结构类似，而且特性也差不多。启动 VB 后，即在屏幕上显示一个窗体，图 2-1 所示为窗体的结构示意图。

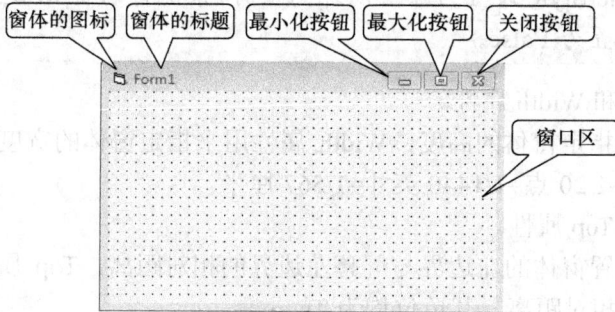

图 2-1 窗体的结构

2.1.2 窗体的常用属性

窗体的属性决定了窗体的外观，大部分属性既可以通过属性窗口设置，也可以通过代码设置，具体格式为：<对象名>.<属性名称>=<属性值>。只有少量属性只能在设计状态设置，或只能在窗体运行期间设置。下面列出窗体的常用属性，这些属性有的不仅适用于窗体，同时也适用于其他对象。

（1）Name 属性。

该属性用来定义对象的名称且适用于所有对象，在程序代码中用这个名称引用该对象。首次在工程中添加窗体时，名称默认为 Form1，添加第二个窗体，默认为 Form2，依此类推。为了便于识别，最好给 Name 属性设置一个有实际意义的名称，如给一个启动窗体命名为 frmlogin。

> 在属性窗口中，Name 属性通常作为第一个属性条，并写作（名称）。

（2）BackColor 属性和 ForeColor 属性。

BackColor 属性设置窗体的背景颜色；ForeColor 属性设置窗体的前景颜色（即正文颜色）。其值是一个十六进制常数，用户可以在调色板中直接选择所需颜色。

（3）Caption 属性。

该属性用来定义窗体的标题。标题内容最好概括说明本窗体作用。

（4）MaxButton 属性和 MinButton 属性。

MaxButton 属性为 True 时，窗体右上角有最大化按钮；为 False 时，无最大化按钮。

MinButton 属性为 True 时，窗体右上角有最小化按钮；为 False 时，无最小化按钮。

（5）BorderStyle 属性。

该属性设置窗体显示的样式，默认值为 2。

0——None：窗体无边框，无法移动及改变大小。

1——Fixed Single：窗体为单线边框，可移动、不可以改变大小。

2——Sizable：窗体为双线边框，可移动并可以改变大小。

3——Fixed Double：窗体为固定对话框，不可以改变大小。

4——Fixed Tool Window：窗体外观与工具条相似，有关闭按钮，不能改变大小。

5——Sizable Tool Window：窗体外观与工具条相似，有关闭按钮，能改变大小。

> 当 BorderStyle 设置为除 2 以外的值时，系统自动将 MinButton 和 MaxButton 的属性值设置为 False。

（6）Height 属性和 Width 属性。

Height 属性用来指定窗体的高度，Width 属性用来指定窗体的宽度。其值为单精度型，单位为 Twip，1Twip=1/20 点=1/1440 英寸=1/567 厘米。

（7）Left 属性和 Top 属性。

Left 属性用于设置窗体的左边界与屏幕左边界的相对距离，Top 属性用于设置窗体的顶边界与屏幕顶边界的相对距离。其单位均为 Twip。

（8）Enabled 属性。

该属性用于激活或禁止，Enabled 属性一般设置为 True，但为了避免鼠标或键盘事件发送到某个窗体，也可以设置为 False。

（9）Visible 属性。

该属性用来设置窗体的可见性，当设为 True 或 False 时，决定窗体是否显示。

> 只有在运行程序时，该属性才起作用。即在设计阶段，即使把窗体的 Visible 属性设为 False，窗体也仍然可见，程序运行后消失。

（10）Picture 属性。

该属性设置窗体中要显示的图片，在对话框中选择需要的图片文件。

> 若在程序中通过代码设置，需要使用 Loadpicture 函数。

（11）WindowState 属性。

该属性设置窗体执行时以什么状态显示。

0——Normal：正常窗口状态，有窗口边界。

1——Minimized：窗体最小化成图标。

2——Maximized：窗体最大化，无边框，充满整个屏幕。

（12）Font 属性。

该属性设置窗体上显示文本的外观。包括字体（FontName）、字号（FontSize）、字形（FontBold、FontItalic、FontStrikethur、FontUnderline）等。

2.1.3 窗体的常用事件和方法

与窗体有关的事件和方法较多，其中常用的有以下几个。

（1）Click 事件和 DblClick 事件。

程序运行后，单击窗体触发 Click 事件，双击窗体触发 DblClick 事件。

单击的位置不能有其他对象（控件）。

（2）Load 事件和 Unload 事件。

程序运行后，把窗体装入工作区，就会自动触发窗体的 Load 事件。关闭窗体或执行 Unload 语句时，就会触发窗体的 Unload 语句。

Load 事件通常用于启动程序时对属性、变量的初始化以及装载数据等。

（3）Print 方法。

Print 方法用来显示文本内容，格式为：

[对象.] Print 表达式

更详细的内容介绍可参见 3.5 节数据输入、数据输出。

（4）Cls 方法。

Cls 方法用来清除窗体上或图片框在运行时由 Print 方法显示的文本或用绘图方法产生的图形。格式为：

[对象.] Cls

省略对象时默认为窗体。Cls 方法不能清除设计时的文本和图形。

2.1.4　课堂实例 1——窗体事件

【实例学习目标】

本程序首先在属性窗口中将窗体设置成无最大化按钮和最小化按钮，并使标题显示"窗体"。在窗体装入时，装入一幅图片作背景；当单击窗体时，窗体变宽，并显示"变宽啦"；当双击窗体时，去除背景图，并在窗体上显示"结束使用"。通过这个简单的实例，可掌握一些常用的窗体事件、方法和相关属性。

程序运行界面如图 2-2 所示。

（a）Load 事件　　　　（b）Click 事件　　　　（c）DblClick 事件

图 2-2　课堂实例 1 的运行界面

【实例程序实现】

（1）属性设置如表 2-1 所示。

表 2-1	课堂实例 1 的对象属性设置	
对 象	属 性	设 置
Form1	Caption	窗体
	MaxButton	False
	MinButton	False

（2）输入代码程序。

鼠标双击窗体，调出"代码"窗口，在"代码"窗口中输入以下代码，即事件过程如下。

```
Private Sub Form_Load()                 '装入背景图
    Form1.Picture = LoadPicture("c:\DSC05395.JPG")
End Sub
Private Sub Form_Click()                '单击窗体
    Form1.Width = Form1.Width + 800
    Print "变宽啦"
End Sub
Private Sub Form_DblClick()
    Form1.Picture = LoadPicture("")  '卸去图片
    Print "结束使用"
End Sub
```

> **说明** 上机实际操作时，可通过查找文件的方法找一个图片文件，参照实例中的格式代入即可。

2.2 标签、文本框和命令按钮

任务 2：利用窗体、标签、文本框和命令按钮编写简单的、可视化界面良好的小程序，了解程序的调试。实现一个类似记事本的文本编辑器。

标签、文本框和命令按钮是 Visual Basic 最常用的内部控件，默认加载在工具箱中。

2.2.1 标签的使用

标签（Label）在工具箱中的图标是 **A**。标签主要是用来标注和显示文本信息，而不能输入信息。可以用标签为文本框、列表框和组合框等控件添加描述性的文字。

1．标签的属性

标签主要的属性如下。

（1）Caption 属性。

该属性用于设置标签要显示的内容。

> **注意** 默认情况下，当输入到 Caption 属性的文本超过控件宽度时，文本会自动换行，而且在超过控件高度时，超出部分将被剪裁掉。

在属性窗口中直接进行设置或在程序中对控件的 Caption 属性进行赋值，例如，

Label1.Caption = "我在扬州职大信息工程学院学习"

运行效果如图 2-3 所示。

（2）BorderStyle 属性。

该属性设置标签的边框样式。

0——None：无边框。

1——Fixed Single：立体单边框。

我在扬州职大信息工程学院学习

图 2-3　标签控件效果图

（3）BackStyle 属性。

该属性设置标签的背景样式。

0——Transparent：透明，即标签的背景颜色和所在容器控件的背景色是一样的。

1——Opaque：不透明。

（4）Autosize 属性。

Autosize 属性为 True 时自动调整大小，为 False 时保持原设计时的大小，正文若太长自动裁剪掉。

（5）Alignment 属性。

该属性用来设置标题 Caption 属性的对齐方式。

0——Left Justify：左对齐。

1——Right Justify：右对齐。

2——Center：居中。

2．标签的事件

标签可响应的事件是 Click、DbClick 事件，但一般情况下不需要编写这些事件过程。

2.2.2　文本框的使用

文本框（TextBox）在工具箱中的图标是 |abl|。文本框在窗体中为用户提供一个既能显示文本又能编辑文本的区域，用户可以在该区域输入、编辑、修改和显示正文内容，即用户可以创建一个文本编辑器进行输入、删除、选择、复制、粘贴等各种操作。

1．文本框的属性

文本框的重要属性介绍如下。

（1）Text 属性。

在文本框中显示的正文内容存放在该属性中。当文本内容发生改变时，Text 属性也会随之变化。

> 文本框没有 Caption 属性。

注意

（2）MaxLength 属性。

该属性用于限定文本框中可以输入的最大字符数。默认值为 0，表示任意长度。

（3）MultiLine 属性。

该属性决定文本框是否接收多行文本。MultiLine 属性设置为 True 时，文本框可接受多行文本，文本长度超过文本框宽度时，文本可以自动换行。MultiLine 属性设置为 False 时，仅一行，默认值为 False。MultiLine 属性为 True 时，可以输入的文本容量也大大增加，可达 32KB。例如，

设置文本框的 MultiLine 属性为 True，如图 2-4 所示。

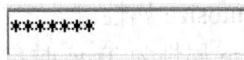

（4）PasswordChar 属性。

该属性设置显示文本框中的替代符，一般以"*"显示。

> 如果文本框的 MultiLine 属性值为 True，则文本框的 PasswordChar 属性不起作用。

在某些情况下，我们需要文本框中不直接显示出输入的文本内容，例如，输入密码时，希望在密码框中每输入一个字符时密码框中显示"*"符号，需要设置文本框控件的 Password Char 属性为*，效果如图 2-5 所示。

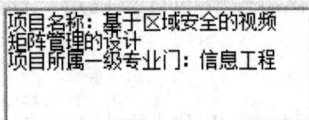

图 2-4　文本框 MultiLine 属性为 True 效果图　　　　图 2-5　文本框设置 PasswordChar 属性的效果图

（5）Locked 属性。

该属性用来指定文本框中的内容是否可被修改，将 Locked 属性设置为 True，则禁止用户修改文本框中内容；默认值为 False，表示可编辑。

（6）ScrollBars 属性。

该属性用于决定文本框中是否有滚动条。

0——None：无滚动条。

1——Horizontal：加水平滚动条。

2——Vertical：加垂直滚动条。

3——Both：同时加水平和垂直滚动条。

> 文本框的 Scroll Bars 属性生效的前提条件是 MultiLine 属性设置为 True，而滚动条的增加又会使 MultiLine 属性的自动换行功能失效。

各种滚动条效果如图 2-6、图 2-7 和图 2-8 所示。

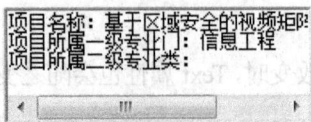

图 2-6　文本框水平滚动条效果图　　图 2-7　文本框垂直滚动条效果图　　图 2-8　文本框水平垂直滚动条效果图

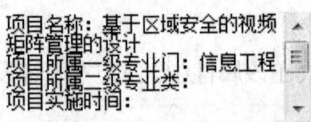

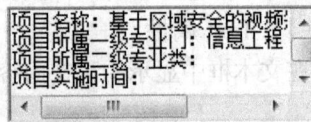

（7）SelStart、SelLength 和 SelText 属性。

SelStart 属性是设置或返回文本框中文本的插入点位置，第一个字符的位置是 0。

SelLength 属性则可以设置或返回文本框中选中文本的长度。

SelText 属性用于设置或返回文本框中的选中文本字符串。

> SelStart、SelLength 和 SelText 属性不出现在属性窗口中，只能够在程序代码中进行调用或设置。

2．文本框的事件

文本框除支持 Click、DblClick 事件，常用的还有 Change、KeyPress、LostFocus 和 GotFocus，这些都是最主要的事件。

（1）Change 事件。

当用户输入新内容或程序将 Text 属性设置新值，从而改变文本框的 Text 属性时会引发该事件。在文本框中输入一个字符时，就会引发一次 Change 事件。可以通过 Change 事件来对输入字符的类型进行实时检测。

（2）KeyPress 事件。

当进行文本输入时，每一次键盘的输入都使控件接收一个 ASCII 码的同时发生了 KeyPress 事件。有关该事件的更为详细的介绍可参见第 7 章。

（3）LostFocus 事件。

该事件是在文本框失去焦点时触发的，焦点的丢失或者是由于用户按下制表键（Tab）时光标离开文本框或单击选择另一个对象操作的结果。LostFocus 事件过程主要是用来对数据更新进行验证和确认，常用于检查 Text 属性的内容，这比在 Change 事件过程中检查会有效得多。

（4）GotFocus 事件。

当文本框具有输入焦点时，键盘上输入的每个字符都在该文本框中显示。GotFocus 事件与 LostFocus 事件相反，表示文本框获得焦点时触发。

> 只有当一个文本框被激活并且可见为 True 时才能接受焦点。

3．文本框的方法

文本框最常用的方法是 SetFocus（设置焦点）。

格式：<对象名>.SetFocus

该方法可以把光标移到指定的文本框中。

【例 2.1】　用户在文本框中输入字符串，标签中同步显示用户对文本框更新的次数。

操作步骤如下。

（1）在窗体中添加如图 2-9 所示的一个文本框和一个标签控件。设置文本框的 MultiLine 属性为 True，设置标签的 BorderStyle 属性为 1，Alignment 属性为 2。

（2）在窗体的代码窗口中，编写代码如下：

```
Private Sub Text1_Change（）
    Static i As Integer          '定义静态量用以计数
    Text1.SetFocus
    i = i + 1
    Label1.Caption = i
End Sub
```

（3）运行工程，效果如图 2-10 所示。

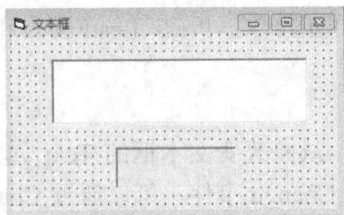

图 2-9　例 2.1 设计界面

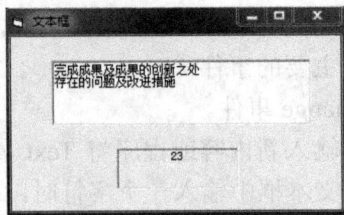

图 2-10　例 2.1 运行效果

2.2.3　命令按钮的使用

命令按钮（CommandButton）在工具箱中的图标是 ▃▅。命令按钮的应用十分广泛，当用户选择单击某个命令按钮就会发生相应的事件过程。单击不同的命令按钮将执行不同的操作，因此命令按钮使程序的执行显得既简单又形象。

1．命令按钮的属性

命令按钮的常用属性如下。

（1）Caption 属性。

该属性表示按钮上显示的文字。可在某字母前加 "&" 设置快捷键，则程序运行时按钮中的该字母带有下划线，当用户按下 Alt+该快捷键，便可激活并操作该按钮。

例如，要为 "退出" 按钮创建快捷访问键，如图 2-11 所示。

（2）Default 属性和 Cancel 属性。

Default 属性用于设置默认命令按钮。当 Default 属性设置为 True 时，则不管窗体上的哪个控件有焦点，按 Enter 键相当于用鼠标单击了该按钮。

Cancel 属性用于设置默认取消按钮。当 Cancel 属性设置为 True 时，则不管窗体上的哪个控件有焦点，按 Esc 键相当于用鼠标单击了该按钮。

> 在一个窗体中只能有一个命令按钮的 Default 属性设置为 True，只能有一个命令按钮的 Cancel 属性设置为 True。

（3）Picture 属性。

该属性给按钮装入图形文件，但 Style 属性必须为 1。

（4）Style 属性。

该属性设置按钮样式。

0——Standard：默认值，标准的 Windows 风格，按钮上不能显示图形。

1——Graphical：图形风格。

例如，设置命令按钮显示图片，Picture 属性与 Style 属性共同使用才能生效，如图 2-12 所示。

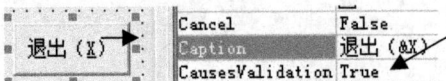

图 2-11　设置按钮的快捷访问键效果

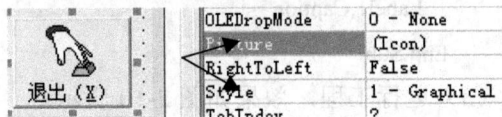

图 2-12　为按钮设置图片效果

2．命令按钮的事件

命令按钮最常用的事件是 Click 事件。

命令按钮只能接受 Click 事件，不能接受 DblClick 事件。

2.2.4　课堂实例 2——简单的文本编辑器

【实例学习目标】

"简单的文本编辑器"程序，要求建立一个类似记事本的应用程序。提供两类操作：一是剪切、复制、粘贴和全选的编辑操作；二是字体、大小的格式设置。通过这个实例，使大家对常用的窗体、标签、文本框和命令按钮以及程序的调试，即对 VB 有个全面的了解，并能学会编写简单的、可视化界面良好的小程序。程序运行界面如图 2-13 所示。

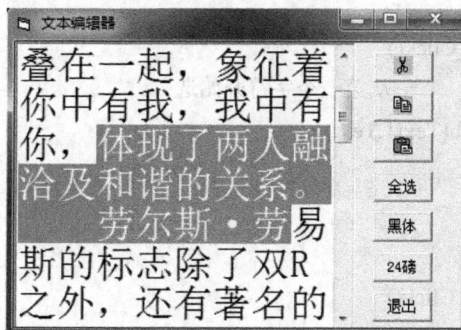

图 2-13　课堂实例 2 的运行界面

【实例程序实现】

（1）属性设置如表 2-2 所示。

表 2-2　　　　　　　　　　　　　　　课堂实例 2 的对象属性设置

对　　象	属　　性	设　　置
Form1	Caption	文本编辑器
Command1	Picture	Cut.bmp
Command2	Picture	Copy.bmp
Command3	Picture	Pastebmp
Command4	Caption	全选
Command5	Caption	黑体
Command6	Caption	24 磅
Command7	Caption	退出
Text	MultiLine	True
	ScrollBars	Vertical

（2）输入代码程序。

要实现"剪切、复制、粘贴和全选"的编辑操作，需利用文本框的 SelText 属性；要实现"格式"设置，需利用 Font 属性。

```
Dim s As String                    '为复制、剪切和粘贴操作所需的模块级变量
Private Sub Command1_Click()
    s = Text1.SelText
    Text1.SelText = ""             '将选中的内容清除，实现了剪切
End Sub
Private Sub Command2_Click()
    s = Text1.SelText
End Sub
Private Sub Command3_Click()
    Text1.SelText = s              '将 s 变量中的内容插入到光标所在的位置，实现了粘贴
End Sub
Private Sub Command4_Click()
    Text1.SelStart = 0             '从第一个字符开始选
    Text1.SelLength = Len(Text1.Text)
    s = Text1.SelText
    Text1.Text = s
End Sub
Private Sub Command5_Click()
    Text1.FontName = "黑体"
End Sub
Private Sub Command6_Click()
    Text1.FontSize = 24
End Sub
Private Sub Command7_Click()
    End
End Sub
```

说明　　　s 变量要被多个事件共享，所以必须在所有过程前声明该变量，该变量可作用于所有过程，称为模块级变量。相关知识可查看第 7 章。

2.3　菜　单　设　计

任务 3：掌握菜单设计的基本概念，利用菜单编辑器设计菜单，学会下拉式菜单的制作以及弹出式菜单的调用。实现在自己设计的应用程序中加入菜单。

目前绝大多数应用程序都提供了菜单，是图形化界面中一个必不可少的组成元素。在应

用程序窗口中加入菜单不仅可以方便用户的使用,并可以避免由于误操作而带来的严重后果。在 VB 中,利用系统提供的工具可以非常方便地建立下拉式菜单和弹出式菜单。

2.3.1　下拉式菜单

下拉式菜单由一个主菜单和若干个子菜单所组成,如图 2-14 所示。

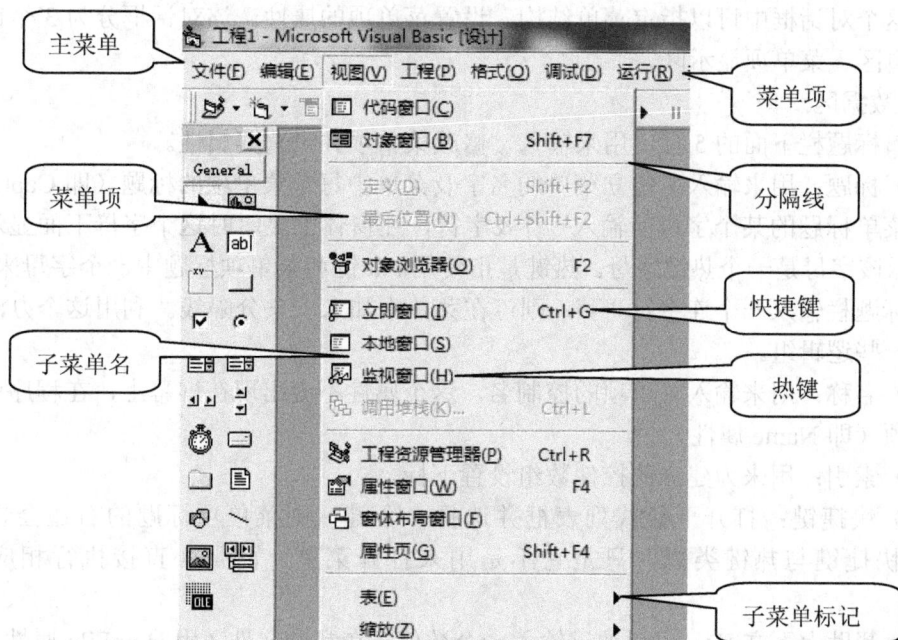

图 2-14　下拉式菜单的基本组成

菜单中的所有菜单项(包括分隔线)从本质上来说都是与命令按钮相似的控件,有属性、事件和方法。它们能响应 Click 事件,为菜单项编写程序就是编写 Click 事件过程。VB6.0 中的菜单编辑器工具是专门帮助创建菜单的,提供了一个简洁明快的制作菜单的界面。可以通过以下 4 种方法打开"菜单编辑器"对话框,如图 2-15 所示。

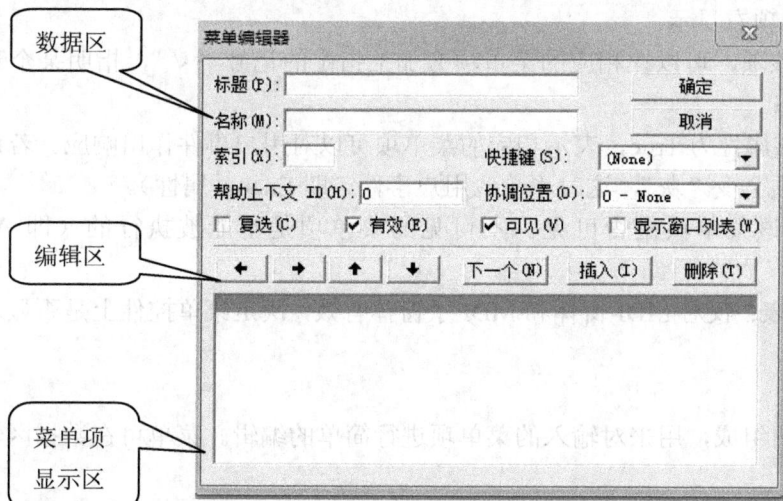

图 2-15　"菜单编辑器"对话框

> ➤ 选择"工具"|"菜单编辑器"命令。
> ➤ 使用快捷键 Ctrl+E。
> ➤ 单击工具栏上的"菜单编辑器"按钮。
> ➤ 在要建立菜单的窗体上用鼠标右键单击，弹出一个快捷菜单，选择"菜单编辑器"命令。

在这个对话框中可以指定菜单结构，设置菜单项的属性。该对话框分为 3 个部分：数据区、编辑区、菜单项显示区。

1. 数据区

窗口标题栏下面的 5 行，用来输入、修改菜单项并设置其属性。

（1）标题：用来输入所建立菜单的名字及菜单中每个菜单项的标题（即 Caption 属性）。如果在菜单标题的某个字母前输入一个&字符，在窗体上显示时这个字母下面显示一个下划线，表示该字母是一个热键字母。热键是指使用 Alt 键和菜单项标题中一个字母来打开菜单。如果在标题栏输入一个连字符"-"，则可在菜单中加入一条分隔线。利用这个办法将菜单项划分为一些逻辑组。

（2）名称：用来输入菜单项的控制名，这个属性不会出现在屏幕上，在程序中用来引用该菜单项（即 Name 属性）。

（3）索引：用来为建立的控件数组设置下标。

（4）快捷键：打开下拉式列表框并选择一个键，则菜单项标题的右边会显示快捷键名称。快捷键与热键类似，只是它不是用来打开菜单，而是去直接执行相应菜单项的操作。

（5）帮助上下文 ID：可以通过输入一个数值，在帮助文件（用 HelpFile 属性设置）中查找相应的帮助主题。

（6）协调位置：确定菜单或菜单项在窗体中是否出现或怎样出现。4 个选项如下。

0——None：菜单项不显示。

1——Left：菜单项左显示。

2——Middle：菜单项中显示。

3——Right：菜单项右显示。

（7）复选：选择该项，可以在相应的菜单项旁加上指定的记号"√"，指明某个菜单项当前是否处于活动状态。

（8）有效：默认该属性为 True，表示相应的菜单项可以对用户事件作出响应。若设置为 False，则相应的菜单项会变"灰"，这时不响应用户事件（即 Enable 属性）。

（9）可见：确定该菜单项是否可见。不可见的菜单项是不能被执行的（即 Visible 属性）。

（10）显示窗口列表：仅对 MDI 窗体和 MDI 子窗体有效，决定菜单控件上是否显示所打开的子窗体标题。

2. 编辑区

编辑区由 7 个按钮组成，用来对输入的菜单项进行简单的编辑。菜单可在数据区输入，在菜单项显示区显示。

（1）左、右箭头：调整菜单项的层次。在菜单列表框中，下级菜单项标题前比上一级菜单项多一个"..."标志。

（2）上、下箭头：调整菜单项在菜单列表框中的排列位置。

（3）下一个：建立下一个菜单项。

（4）插入：在选定的菜单项前插入一个菜单项。

（5）删除：删除选定的菜单项。

3．菜单项显示区

位于菜单编辑器的下部，显示输入的菜单项，并通过"..."标志表明菜单项的层次。条形光标所在的菜单项是"当前菜单项"。

2.3.2　课堂实例 3——升级的简单的文本编辑器 1

【实例学习目标】

将实例 2 中的命令组织成菜单，并添加若干命令，用户可以通过选择菜单中的菜单项改变文本框中内容的外观。通过这个实例，学会下拉式菜单的建立过程。

程序运行界面如图 2-16 所示。

【实例程序实现】

（1）控件建立，属性设置参见课堂实例 2。

（2）设计下拉式菜单。

打开"菜单编辑器"对话框，参见表 2-3，对每一个菜单项输入标题、名称并选择相应的快捷键。

表 2-3　　　　　　　　　　　　　　　　　课堂实例 3 的菜单项及其属性设置

菜　单　项	名　　　称	快　捷　键
字体	Zt	
...宋体	St	Ctrl+A
...黑体	Ht	Ctrl+B
...隶书	Lsh	Ctrl+C
...-	Fg	
退出	Quit	Ctrl+Q
字形	Zx	
...粗体	Ct	
...斜体	Xt	
...下划线	Xhx	

当完成所有输入工作后，菜单设计窗口如图 2-17 所示，单击"确定"按钮，就完成了整个菜单的建立工作。

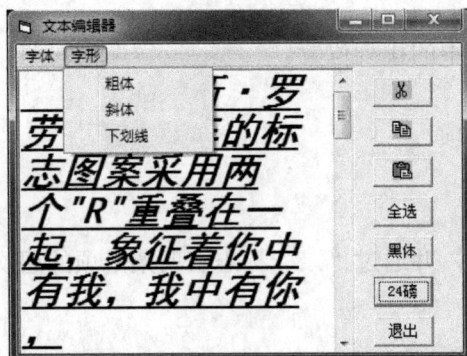

图 2-16　课堂实例 3 的运行界面

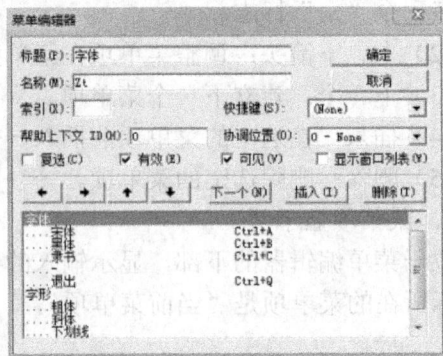

图 2-17　菜单项及其属性设计

（3）把代码连接到菜单上。

在菜单建立以后，还需要相应的事件过程。在窗体窗口单击菜单标题，然后在下拉菜单中选择要连接代码的菜单项，在屏幕上就会出现代码窗口。其程序代码如下。

```
Private Sub Ct_Click()

    Text1.FontBold = Not Text1.FontBold

End Sub

Private Sub Ht_Click()

    Text1.FontName = "黑体"

End Sub

Private Sub Lsh_Click()

    Text1.FontName = "隶书"

End Sub

Private Sub Quit_Click()

    End

End Sub

Private Sub St_Click()

    Text1.FontName = "宋体"

End Sub

Private Sub Xhx_Click()

    Text1.FontUnderline = Not Text1.FontUnderline

End Sub

Private Sub Xt_Click()

    Text1.FontItalic = Not Text1.FontItalic

End Sub
```

这里不再给出与实例 2 一样的几个按钮事件过程。

2.3.3　弹出式菜单

弹出式菜单是显示在窗体上，独立于菜单栏的浮动式菜单，经常用于快速地在屏幕上显示若干菜单命令。弹出式菜单是用户在某个对象上单击鼠标右键所弹出的菜单，使用方便，具有较大的灵活性。

1．设计弹出式菜单

与设计下拉菜单一样，设计弹出式菜单也是使用菜单编辑器。由于菜单编辑器中设计的菜单通常都是作为下拉式菜单显示在窗口的顶部，因此唯一的区别是如果不希望出现在窗口的顶部，则应将菜单名（主菜单）的 Visible 属性设置为 False，即在菜单编辑器内不选中可见框，只显示它的下拉菜单项。

2．显示弹出式菜单

在 VB 中，有一个 PopupMenu 方法就是用来显示弹出式菜单的，只要菜单至少包含一个菜单项，就可以显示出这个弹出式菜单。调用 PopupMenu 方法的格式是：

<对象名>.PopupMenu 菜单名[，标志参数[，X[，Y]]]

其中：菜单名是必需的，其他参数是可选的。X、Y 参数指定弹出式菜单显示的位置。标志参数用于进一步定义弹出式菜单的位置和性能，可采用表 2-4 中的值。

表 2-4　标志参数描述

	常　数	值	说　明
位置	vbPopupMenuLeftAlign	0	X 位置确定弹出菜单的左边界（默认）
	vbPopupMenuCenterAlign	4	弹出菜单以 X 为中心
	vbPopupMenuRightAlign	8	X 位置确定弹出菜单的右边界
性能	vbPopupMenuLeftButton	0	只能用鼠标左键触发弹出菜单（默认）
	vbPopupMenuRightButton	2	使用鼠标左键和右键触发弹出菜单

可以选择位置值和性能值，将其用"Or"运算符组合。

2.3.4　课堂实例 4——升级的简单的文本编辑器 2

【实例学习目标】

为实例 3 配置弹出式菜单，将"字形"菜单的内容作为弹出式菜单的内容，当用鼠标右键单击文本框时，能弹出"字形"菜单中的菜单项。通过这个实例，学会制作弹出式菜单。

程序运行界面如图 2-18 所示。

【实例程序实现】

（1）控件的建立、属性设置参见课堂实例 2。

（2）下拉式菜单制作参见课堂实例 3。

（3）设计弹出式菜单。

先在菜单编辑器中创建"字形"这个弹出式菜单的主菜单和各菜单项，然后把"字形"主菜单项的"可见"属性设置为不可见，如图 2-19 所示。

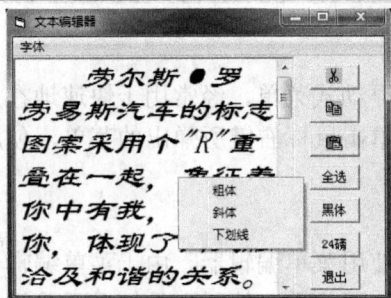

图 2-18　课堂实例 4 的运行界面　　　　　　　　图 2-19　弹出式菜单设计

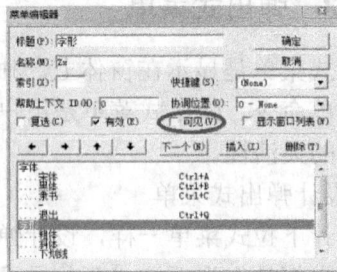

（4）编写代码。

在文本框对象的 MouseDown 事件中编写，程序代码如下。

```
Private Sub Text1_MouseDown（Button As Integer, Shift As Integer, X As Single, Y As Single）
    If Button = 2 Then PopupMenu Zx
End Sub
```

> **说明**　这里不再给出与实例 2 一样的几个按钮事件过程以及与实例 3 一样的下拉菜单的代码。Button=2 表示单击鼠标右键，弹出式菜单要在鼠标按下事件 MouseDown 中编程。

2.4　焦点和 Tab 顺序

任务 4：掌握焦点这个十分重要的概念，学会设置焦点和调整控件的 Tab 顺序。实现信息输入程序。

可视程序设计中，焦点（Focus）是一个十分重要的概念。焦点与 Tab 顺序是与控件接受用户输入有关的两个概念。

2.4.1　焦点

焦点决定了在任何时间由哪一个对象接收鼠标单击或键盘输入的信息。只有当对象具有焦点时，才可以具有接收鼠标单击或键盘输入的能力。在同一时间焦点只有一个，即处于激活状态，只有当所有控件都不具有焦点时，窗体才具有焦点。对于某些对象，是否具有焦点可以通过某些特征看出来。例如，当某个文本框具有焦点时，此时光标在文本框中闪烁；当某个命令按钮具有焦点时，按钮周围的边框将突出显示。

焦点只能移到可视的窗体或控件上，因此，只有当一个对象的 Enabled 和 Visible 属性均为 True 时，它才能接收焦点。Enabled 属性允许对象响应键盘、鼠标事件；Visible 属性则决定对象是否显示在屏幕上。

> **注意**　并不是所有对象都可以接收焦点，某些控件例如框架（Frame）、标签（Lable）、菜单（Menu）、直线（Line）、形状（Shape）、图像框（Image）和计时器（Timer）都不能接收焦点。涉及的控件更详细的介绍参见第 4 章。

当对象得焦点时发生 GetFocus 事件，当对象失去焦点时发生 LostFocus 事件，与文本框的相关事件是一样的。LostFocus 事件通常用来对更新进行确认和有效性检查，也可用于修正或改变在 GetFocus 事件中设立的条件。在焦点转换到下一个对象之前会发生 Validate 事件，可防止控件失去焦点，直到满足要求为止。

用下面的方法可以设置一个对象的焦点。

➤ 　用鼠标选择对象、用 Tab 键移动，或用快捷键。

➤ 　在程序代码中使用 SetFocus 方法，与文本框的相关方法是一样的。

用下面的方法可以使一个对象失去焦点。

➤ 　用鼠标选择另一个对象、用 Tab 键移动，或用快捷键。

➤ 　在程序代码中对另一个对象使用 SetFocus 方法改变焦点。

2.4.2　Tab 顺序

当按下 Tab 键时，焦点在窗体中各控件之间移动的顺序即为 Tab 顺序。每个窗体都具有相应的 Tab 键的顺序。在默认情况下，Tab 键的顺序与控件对象的建立顺序相同。例如，依次建立了 3 个名字分别为 Text1、Text2、Text3 的文本框。当执行应用程序时，Text1 首先具有焦点。当按下 Tab 键时，焦点将按照控件建立的顺序在控件间移动，即按一下 Tab 键，焦点将从 Text1 移至 Text2，再按一下 Tab 键，焦点将移至 Text3。

通过设置控件对象的 TabIndex 属性值可以改变 Tab 键的顺序。如果一个控件的 Tab 键顺序位置发生了改变，其他控件的 Tab 键顺序位置将自动重新编号。

> **注意**　对于不能接收焦点的控件对象，无效的和不可见的控件，以及 TabStop 属性设为 False 的对象，不会被包含在 Tab 键顺序中。当按下 Tab 键时，这些控件将自动跳过。

2.4.3　课堂实例 5——学生注册信息输入卡

【实例学习目标】

"学生注册信息输入卡"程序，先输入密码，如果密码正确可依次输入姓名、籍贯、年龄，每个操作均在文本框的下面有提示说明。通过这个实例，重点了解焦点的概念、Tab 键的顺序，以及与焦点有关的事件、方法。

程序运行界面如图 2-20 所示。

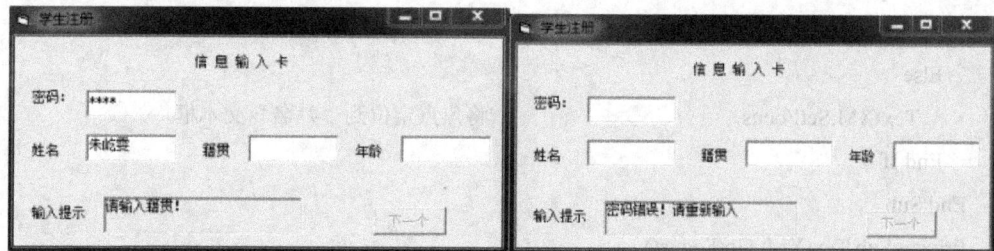

（a）密码错误时　　　　　　　　　　　　　　（b）密码输入正确

图 2-20　课堂实例 5 的运行界面

【实例程序实现】

（1）属性设置如表 2-5 所示。

表 2-5   **课堂实例 5 的对象属性设置**

对　象	属　性	设　置
Form1	Caption	学生注册
Label1	Caption	信息输入卡
Label2	Caption	密码
Label3	Caption	姓名
Label4	Caption	籍贯
Label5	Caption	年龄
Label6	Caption	输入提示
Label7	Caption	空
	BorderStyle	1-Fixed Single
TextMM	Text	空
TextXM	Text	空
TextJG	Text	空
TextNL	Text	空
Command	Caption	下一个
	Enable	False

（2）输入代码程序。

所有控件对象的 TabIndex 属性（从上到下，从左到右）的数值从 0 开始依次递进。

```
Private Sub Form_Load()
    Form1.Show                              '必须在设置焦点前使窗体可视，通过 show 实现
    TextMM.SetFocus                         '将焦点定位到"密码"文本框
End Sub
Private Sub TextMM_GotFocus()
    Label7.Caption = "请输入密码！　"
End Sub
Private Sub TextMM_Validate(keepfoucs As Boolean)
    If TextMM.Text <> "5411" Then           '如果密码输入不正确
    TextMM.Text = ""
    keepfoucs = True                        '保持焦点不变
    Label7.Caption = "密码错误！请重新输入"
    Else
        TextXM.SetFocus                     '将焦点定位到"姓名"文本框
    End If
End Sub
Private Sub TextXM_GotFocus()
    Label7.Caption = "请输入姓名！"
```

```
End Sub
Private Sub TextJG_GotFocus()
    Label7.Caption = "请输入籍贯！"
End Sub
Private Sub TextNL_GotFocus()
    Label7.Caption = "请输入年龄！"
End Sub
Private Sub TextNL_LostFocus()                    '在"年龄"文本框失去焦点时
    Command1.Enabled = True
    TextMM.SetFocus
End Sub
Private Sub Command1_Click()
    TextXM.Text = ""
    TextJG.Text = ""
    TextNL.Text = ""
    TextXM.SetFocus
    Command1.Enabled = False
End Sub
```

> **说明**　设置焦点不变可以使用 KeepFocus=True 语句。另外对某些文本框的输入检查没在此程序体现，等后续章节学完可进一步完善。

思考与练习

1．标签和文本框的主要区别是什么？

2．确定一个窗体或控件大小的属性是什么？

3．如果要在菜单中添加一个分隔线，怎样实现？

4．为了使文本框的内容能够换行，并且具有水平和垂直滚动条，属性应设置为什么？

5．要让文本框获得焦点的方法是什么？

6．从设计角度，试说明下拉式菜单和弹出式菜单的区别。

7．热键与快捷键有什么区别？应如何实现？

【课外实践与拓展】

1．设计一个程序，窗体上有两个文本框、一个"清除"按钮，当在第一个文本框中输入信息时，立刻在第二个文本框中显示相同的内容；或在第二个文本框中输入信息时，立刻在第一个文本框中显示相同的内容。当单击"清除"按钮时，清除两个文本框中的信息。

2．编写一个类似记事本的程序，综合实现课堂实例 2、课堂实例 3 和课堂实例 4 的功能。

3．参照课堂实例 5，编写一个"通讯录输入卡"程序。

第 3 章 Visual Basic 编程基础

【学习导航】

学 习 目 标	知 识 要 点	能 力 要 求
数据类型	（1）基本数据类型 （2）自定义数据类型	掌握基本数据类型，了解自定义数据类型的方法
常量和变量	（1）常量的类型 （2）变量的定义和使用	了解常量的作用，学会变量的定义和使用方法
运算符和表达式	（1）算术运算符和算术表达式 （2）连接运算符和字符型表达式 （3）比较运算符和关系表达式 （4）逻辑运算符和逻辑表达式	掌握各类运算符和表达式的使用方法，了解各种运算符的优先级
内部函数	（1）数学函数 （2）字符串函数 （3）日期函数 （4）测试函数 （5）转换函数	能灵活运用 VB 的各类内部函数
数据的输入和输出	数据输入语句和输出语句	掌握输入/输出语句的格式和使用方法

【教学重点】

运算符和表达式的使用、VB 内部函数的格式和使用。

【学习任务】

本章的主要任务描述如下。

➢ 掌握基本数据类型，了解自定义数据类型的方法。

➢ 了解常量的作用和种类，学会变量的定义和使用方法。

➢ 掌握各类运算符和表达式的使用方法，了解各种运算符的优先级。能利用逻辑表达式判断闰年。

➢ 了解 VB 的各类内部函数的格式和使用方法，能灵活运用。实现数字电子钟的设计。

➢ 掌握输入/输出语句的格式和使用方法。完成档案资料的输入工作。

3.1　Visual Basic 的数据类型

任务 1：掌握基本数据类型，了解自定义数据类型的方法。

3.1.1　基本数据类型

数据是程序的必要组成部分，也是程序处理的对象。为了更好地处理各种各样的数据，Visual Basic 定义了多种数据类型，主要有数值型、字符型、布尔型、日期型、变体型、对象型和用户自定义类型等。数字型数据又分成了 Integer（整型）、Long（长整型）、Single（单精度浮点型）、Double（双精度浮点型）和 Currency（货币型）。与 Variant（变体型）相比，数值型占用的存储空间通常要少。表 3-1 列出了 VB 中常用的数据类型以及存储空间大小和范围。

表 3-1　　　　　　　　　　　　**Visual Basic 的基本数据类型**

数 据 类 型	关键字	类型符	字 节 数	范 围
字节型	Byte		1	0～255
整型	Integer	%	2	−32 768～32 767
长整型	Long	&	4	−2 147 483 648～2 147 483 647
单精度浮点型	Single	!	4	负数：−3.402 823E38～−1.401 298E-45 正数：1.401 298E-45～3.402 823E38
双精度浮点型	Double	#	8	负数：−1.8D308～-4.9D−324 正数：4.9D−324～1.8D308
货币型	Currency	@	8	−922 337 203 685 477.580 8～ 922 337 203 685 477.580 7
字符型	String	$	字符串长	0～20 亿
日期型	Date		8	100 年 1 月 1 日～9999 年 12 月 31 日
布尔型	Boolean		2	True 或 False
对象型	Object		4	任何对象引用
变体型（数值）	Variant		16	任何数字值，最大可达 Double 的范围
变体型（字符）	Variant		22+字符串长	与变长 String 有相同的范围

1. 数值型数据

在 VB 中，数值型数据是指能够进行加、减、乘、除、整除、乘方和取模等算术运算的数据，它包括整数类型和实数类型数据。

（1）整数类型。

数据类型又分为字节型、整型和长整型 3 种，它们的运算速度快、精确，但可表示数的范围小。默认的初值为 0。

➢ 　字节型（Byte）：它除了可以保存数字之外，最主要的用途是保存声音、图像和动画等二进制数据，以便与其他 DLL 或 OLEAutomation 对象联系。

> 整型（Integer）：它由数字和正负符号组成，不带小数点，正数可以不要正号。可以在数据后面加尾符"%"来表示整型数据。例如，473、–256、82%。

> 长整型（Long）：它也由数字和正负符号组成，取值范围比整型大，数值中不可以有逗号分隔符。可以在数据后面加尾符"&"表示长整型数据。例如，682 739、–8 621、786&。

（2）实数类型。

实数类型也称为实数或浮点数，是带有小数部分的数值。它主要分为单精度（Single）类型、双精度（Double）类型和货币（Currency）类型 3 种，它们表示数的取值范围不同（如表 3-1 所示）。

对于单精度实型和双精度实型数据，在 VB 中有两种表示方法：定点表示法和浮点表示法。

① 定点表示法。

此种方法书写比较简单，小数点的位置是固定的，单精度实型在数据后面加尾符"!"，如 4 568.12!。双精度实型在数据后面加"#"号，如 875.69#。

② 浮点表示法。

当数特别大或者特别小的时候，如仍然采用定点表示法，那么数码就会变得很长，不便书写，又容易出错，这时可以用浮点表示法。它主要由 4 部分组成：符号部分、尾数部分、指数符和指数部分。尾数既可以是整数，也可以是小数；指数符是由英文字母表示的，单精度实数用字母 E，双精度实数用字母 D；指数是带正负号的不超过 3 位数的整数，正号可以省略。例如，3.4532E4、1.23456789D–17。

③ 货币类型：它是为表示钱款而设置的，用于货币计算。整数部分最多 15 位，小数部分最多 4 位，小数点固定，是一种定点实数类型。一般在数据后面加上尾符"@"，例如，123.45@。

2．字符串型数据

字符串型数据（String）是由双引号括起来的一串字符序列，由 ASCII 字符组成，不含双引号、回车符和换行符。字符串中可以包含汉字，一个汉字或一个英文字母都是一个字符，字符串含有的字符个数就是它的长度，其中长度为 0（即不含任何字符）的字符串称为空字符串，简称空串。

字符串通常放在引号中，例如，

"Good Morning"

"Visual Basic 6.0 程序设计"

""　　　'空字符串

Visual Basic 中的字符串分成两种，即变长字符串和定长字符串。变长字符串的长度可以变化，计算机为其分配的存储空间也会随着字符串的实际长度变化而变化；定长字符串的长度固定不变，计算机分配的存储空间也固定不变，若赋予的字符少于定义的长度，则在右部补空格，若超过，则将多余部分截去。

3．日期型数据

日期型数据（Date）通常用一对"#"号括起来，例如，#7/25/2010#或#7-25-2010#。它表示的日期范围为 100 年 1 月 1 日～9999 年 12 月 31 日，时间范围为 0:00:00～23:59:59，时间默认的初值为 00:00:00。

在日期类型的数据中，不论年月日按照何种顺序排列、日期之间的分隔符用的是空格还是"-"符、月份用的是数字还是英文单词，系统都会自动将其转换成由数字表示的"月/日/年"的格式。如果日期型数据不包括时间，则 VB 会自动将该数据的时间部分设置为午夜 0 点；如果不包括日期，则 VB 会自动将该数据的日期部分设置为公元 1899 年 12 月 30 日。

4．布尔型数据

布尔型数据（Boolean）又称为逻辑型数据。它用两个字节存储，只有两个取值：真（True）或假（False），默认值为 False。布尔型数据常作为程序的转向条件。

当布尔型数据转换成整型数据时，True 转化为-1，False 转换为 0；当其他类型的数据转换成布尔型数据时，非 0 数转换为 True，0 转换为 False。

5．对象型数据

对象型数据（Object）通过 4 个字节地址来存储，该地址指向应用程序中的一个对象，一般用来表示图形、OLE 对象或其他对象。

6．变体型数据

变体型数据（Variant）是一种可变的数据类型，可以表示任何值，包括数据、字符串、日期/时间等。

3.1.2　自定义数据类型

VB 允许用户自己定义数据类型。当需要一个变量能包含几个相关信息时，可采用自定义数据类型，以实现相关数据的整体性效果。自定义数据类型必须在模块的变量声明部分用 Type 语句声明，其类型有两种：Private 和 Public，其定义的结构如下：

```
Type    数据类型名
        数据类型元素名    As    类型名
        数据类型元素名    As    类型名
        …
End Type
```

其中"数据类型名"是指要定义的数据类型的名字，"类型名"可以是任何一种基本数据类型，也可以是用户定义的类型。

例如，定义学校中每个学生三方面信息的自定义数据类型 Students 可如此实现：

```
Type Students
        Name As String * 8        '定义姓名长度为 8
        Code As String * 5        '定义学号长度为 5
        Age As Integer            '定义年龄为整型
End Type
```

定义完后就可以用它来声明变量了。

```
Dim Stud as Students
```

使用自定义数据类型变量中的某个具体信息与使用对象的属性方法一样。例如，

```
Stud.Name = "张三"
Stud.Code = "2001003"
Stud.Age = 40
```

也可以用同样的方式读取变量 Stud 的值。

3.2 常量和变量

任务 2：了解常量的作用和种类，学会变量的定义和使用方法。

数据在程序中总是以常量和变量两种形式出现。如果在程序运行过程中数据始终保持不变，则可以用常量来存储该数据，反之则用变量。变量在使用以前必须定义其类型，以便系统为其分配存储空间，不同的数据类型占用的存储空间是不一样的。

3.2.1 常量

常量是在程序运行过程中其值保持不变的量，例如，数值、字符串等。函数是一些特殊的语句或程序段。在 VB 中，常量可以分为一般常量和符号常量两种。

1. 一般常量

一般常量是在程序代码中直接给出的数据。根据常量的数据类型，一般常量有数值常量、字符常量、逻辑常量和日期常量。例如，

    数值常量：0，256，−28，−293

    字符串常量："欢迎使用 VB 程序"

    逻辑常量：True，False

    日期常量：#2010-10-23#

在 VB 中还允许使用八进制数和十六进制数，以&O 开头的数为八进制，以&H 开头的数为十六进制数，例如，&O21、&HFF、&H32F。

2. 符号常量

符号常量是在程序中用符号表示的常量。符号常量分为两大类：一类是系统内部定义的符号常量，这类常量可以随时使用，例如系统定义的鼠标指针常量 VBDefault（缺省值）、VBArrow（箭头）等。另一类常量是用户运用 Const 语句定义的，这类常量必须先声明后使用。Const 语句的语法格式如下：

    Const 常量名=表达式

常量名的命名规则与变量的命名规则相同。为了代码的可读性，习惯上，符号常量名采用大写字母表示，例如，

    Const PI=3.14

此时若需在程序中使用π，则可用常量 PI 代替。

3.2.2 变量

取值可以改变的量称为变量。在 VB 中用变量临时存储数值。变量有名字（用来引用变量所包含的值的词）和数据类型（确定变量能够存储的数据种类）。

1. 变量的命名规则

变量是一个名字，给变量命名时应遵循以下规则。

（1）名字只能由字母、数字和下划线"_"组成。

（2）名字的第一个字符必须是英文字母，最后一个字符可以是类型说明符。

（3）字符个数不得超过 255 个。

（4）不能用 VB 保留字作变量名，但可以嵌入变量名中；同时，变量名也不能是末尾带有类型说明符的保留字。例如，变量 Print 和 Print$是非法的，而变量 Print_Number 是合法的。

（5）在同一个范围内名字必须是唯一的，如同一个过程、一个窗体等。

（6）VB 中不区分变量名中的大小写，如 MYVAL、Myval、myval 都是指同一个名字。

2．变量的定义

变量的声明就是事先将变量通知程序，以便系统为其分配存储单元。定义变量的一般格式为：

　　Declare　变量名　As　类型

其中"Declare"可以是 Dim、Static、Public、Private；"As"是关键字；"类型"可以是 3.1 节中提到的任何一种数据类型。例如，

　　Dim x As Integer

　　Static str2 As String

（1）Dim：用于在标准模块（Module）、窗体模块(Form)或过程（Procedure）中定义变量或数组。

> **注意**　当用 Dim 语句定义多个变量时，每个变量都要用 As 子句声明其类型，否则该变量被看作是变体类型。

（2）Static：用于过程中定义静态变量及数组变量。与 Dim 不同，如果用 Static 定义了一个变量，则每次引用该变量时，其值会继续保留。

（3）Public：用来在标准模块中定义全局变量或数组。

（4）Private：用来定义模块级变量。

3．变量的赋值

任何变量在定义后都被系统初始化为一个确定的数据。不同类型的变量初始值不同，如数值型变量被初始化为 0，字符串变量被初始化为空字符串，变体型变量被初始化为空值。

除了初始化操作外，用户也可以使用赋值语句给变量提供数据。赋值语句的基本格式是：

　　[Let] <变量名>=<表达式>

例如，

　　Dim str As String, x as Integer

　　str="Hello!"

　　x=256

> **说明**
> （1）Let 是赋值语句的关键字，在实际使用中可以缺省。
> （2）表达式可以是 VB 合法的常量、变量，也可以是由运算符连接而成的 VB 表达式。
> （3）该语句中的"="号称为赋值号，不论赋值号右边的表达式的运算结果是何种类型，赋值后将被强制转化为赋值号左边变量的类型。
> （4）在编写程序时还经常使用 Inputbox()函数，从键盘上输入数据给变量，详细使用方法见 3.5.2 小节。

4．变量的作用域

变量的作用域是从空间角度去分析变量属性的。它规定了变量在应用程序的什么范围内是可见的、有效的。VB 应用程序由 3 种模块组成，即窗体模块（Form）、标准模块（Module）和类模块（Class）。在本书中暂不介绍类模块。窗体模块主要包括事件过程（Event Procedure）、通用过程（General Procedure）和声明部分（Declaration）；而标准模块由通用过程和声明部分组成，如图 3-1 所示。

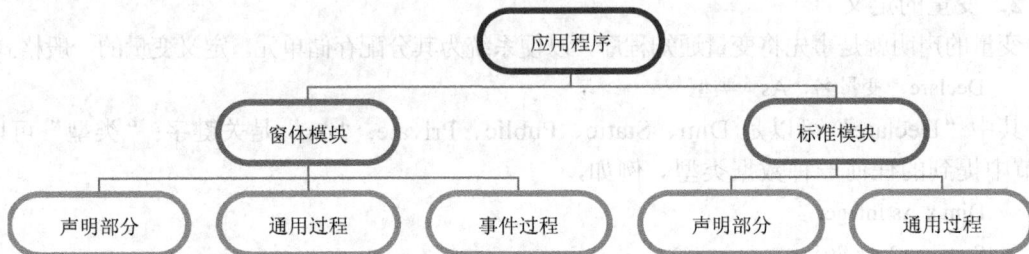

图 3-1　Visual Basic 应用程序的构成

根据变量的定义位置和所使用的变量定义语句的不同，VB 中的变量可以分为 3 类，即局部（Local）变量、模块（Module）变量及全局（Public）变量，其中模块变量包括窗体模块变量和标准模块变量。

（1）局部变量。

局部变量也叫过程级变量，通常用来存放中间过程或临时变量。某一过程的执行只对该过程内的变量产生作用，对其他过程中相同名字的局部变量没有任何影响。因此，在不同的过程中可以定义相同的局部变量，它们之间没有任何关系。如果需要，则可以通过"过程名．变量名"的形式分别引用。

局部变量在过程内用 Dim、Static 定义，例如，

```
Private Sub Command1_Click()
    Dim temp As Integer
    Static sum As Double
    …
    End Sub
```

在上面的过程中，定义了两个局部变量，即整型变量 temp 和双精度静态变量 sum。

（2）模块变量（窗体变量和标准模块变量）。

在窗体或模块的代码声明部分，用 Dim 或 Private 声明的变量的有效范围是其所在的模块或窗体，即在窗体或模块的所有过程中，都可以共同使用这些变量。在一个过程中改变这种变量的值后，在本窗体或模块中的其他过程中再引用这种变量，则是变化后的值。

使用模块变量前必须对该变量进行声明，其方法是：在程序代码窗口的"对象"框中选择"通用"，并在"过程"框中选择"声明"，然后就可以在程序代码窗口中定义模块变量，如图 3-2 所示。

（3）全局变量。

全局变量是指变量在整个应用程序中有效，可延续变化。在模块代码声明部分，使用

图 3-2　模块变量声明

Public 关键字定义的变量即为全局变量。另外在窗体的代码声明部分，也可以用此关键字定义全局变量，但是在其他窗体或模块中引用此变量时，需在变量前指明其所在的窗体对象。3 种变量的作用域如表 3-2 所示。

表 3-2　　　　　　　　　　　　　　　　变量的作用域

名　　称	作　用　域	声　明　位　置	使用的关键字
局部变量	过程	过程中	Dim 或 Static
模块变量	窗体模块或标准模块	模块或窗体的声明部分	Dim 或 Private
全局变量	整个应用程序	模块或窗体的声明部分	Public

5．变量的默认声明

在 VB 中，用 Dim 或 Public 语句可以定义局部变量、模块变量和全局变量。但对于局部变量来说，也可以不定义，而在需要时直接给出变量名。变量的类型可以用类型说明符（%、&、!、#、$、@）来标识。如果没有类型说明符，VB 把该变量指定为变体数据类型。这种声明的方法就称为隐式声明或默认声明。例如，编写一段代码，在其中就不必先声明变量 TempVal：

    TempVal% = Abs (num)

    SafeSqr = Sqr (TempVal)

虽然这种方法很方便，但是如果把变量名拼错了的话，会导致一个难以查找的错误。例如，将上面的代码写成以下内容：

    TempVal% = Abs (num)

    SafeSqr = Sqr (TemVal)

乍看起来，这两段代码好像是一样的。但是因为最后一行把 TempVal 变量名写错了，所以 SafeSqr 的值总是返回 0。因为当 VB 遇到新名字时，它分辨不出这是一个新变量呢，还是仅仅把一个现有变量名写错了，于是只好用这个名字再创建一个新变量。

所以为了避免麻烦，VB 可强行要求用户对变量进行显式声明。具体方法有以下两种：

（1）在窗体或模块的声明段中直接加入语句：Option Explicit。

（2）在"工具"菜单中选取"选项"，在"选项"对话框中选择"编辑器"选项卡，再复选"要求变量声明"选项，如图 3-3 所示。

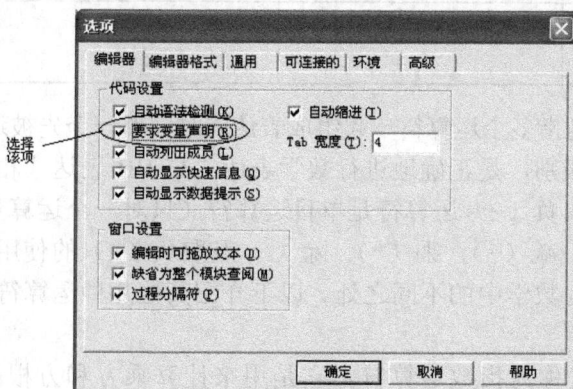

图 3-3　显式变量声明

说明

　　Option Explicit 语句的作用范围仅限于语句所在模块，所以，对每个需要 VB 强制显式变量声明的窗体模块、标准模块，必须将 Option Explicit 语句放在这些模块的声明段中。如果选择"要求变量声明"，VB 会在后续的窗体模块、标准模块中自动插入 Option Explicit，但是不会将它加入到现有代码中。必须在工程中通过手工将 Option Explicit 语句加到任何现有模块中。

3.3　运算符和表达式

　　任务 3：掌握各类运算符和表达式的使用方法，了解各种运算符的优先级。能利用逻辑表达式判断闰年。

　　运算是对数据的加工。最基本的运算形式常常可以用一些简洁的符号来描述，这些符号称为运算符或操作符。被运算的对象即数据，称为运算量或操作数。由运算符和运算量组成的表达式描述了对哪些数据、以何种顺序进行什么样的操作。运算量可以是常量，也可以是变量，还可以是函数。VB 提供了丰富的运算符，可以构成多种表达式。

3.3.1　算术运算符和算术表达式

　　算术运算符是常用的运算符，用来执行简单的算术运算。VB 提供了 8 个算术运算符，表 3-3 列出了这些运算符的优先级顺序。

表 3-3　　　　　　　　　　　　　　　**Visual Basic 算术运算符**

运　　算	运　算　符	表达式例子	优 先 级 别
幂	^	X ^ Y	1
取负	−	−X	2
乘法	*	X*Y	3
除法	/	X/Y	
整除	\	X\Y	4
取模	Mod	X Mod Y	5
加法	+	X+Y	6
减法	−	X−Y	

　　运算符的优先级是指多个运算符一起组成表达式时，哪一个先被运算，哪一个后被运算。把握好运算符的运算级别，是正确地进行数学表达式与 VB 表达式相互转化的关键。在上述的 8 个运算符中，除取负（−）运算符是单目运算符（只对一个运算量进行运算），其他均为双目运算符。加（+）、减（−）、乘（*）、除（/）及取负（−）的使用与数学中相似，只是在编程时要注意其书写与数学中的不同之处。以下介绍其他几种运算符的操作。

　　1. 幂运算

　　幂运算符（^）又称为指数运算符，它是用来计算乘方和方根的。其表达式的一般格式为：

<表达式 1>^<表达式 2>

例如，2^6 表示 2 的 6 次方，而 2^0.5 则是计算 2 的平方根。

> **说明**　（1）当表达式 1 和表达式 2 不是常量或变量时，需要用括号界定。
> （2）当表达式 1 为负值时，表达式 2 不能为小数。如（−2）^（1/3）为错误表达式。

2．整除运算

在整除运算符（\）组成的表达式中，操作数一般为整型值。当操作数带有小数时，首先被四舍五入为整型数或长整型数，然后对相除的结果简单地取其整数部分（不进行四舍五入）作为整除运算的结果。例如，8\3 的值是为 2；9.8\3.2 的值是 3；−4.6\−2.2 的值是 2。

> **说明**　在 VB 中四舍五入时，若末位为 5，不是简单地往前进位。这一位是舍是入，由其前面一位的奇偶性而定，若为偶数则舍弃，反之则进位。例如，7.5 四舍五入后的结果应为 8，而 4.5 四舍五入后的结果则为 4。

3．取模运算

取模运算符（Mod）的运算结果为第一个操作数除以第二个操作数所得的余数。如操作数是浮点数，则先对操作数进行四舍五入后再取模。模的符号由参加取模运算的前面一个操作数的符号而定。例如，

7 mod 4 的值为 3；

28.4 mod 4.8 的值为 3；

9 mod −4.6 的值为 4；

−7.4 mod −2.6 的值为−1。

4．算术运算符的优先级

表 3-3 中列出了算术运算符中的优先级顺序，其中幂运算的优先级最高，加减运算最低，而乘和除是同级运算，加和减也是同级运算。当表达式中含有多种算术运算符时，必须严格按上述顺序求值，但同时也要注意以下几点。

（1）注意运算符的书写与数学运算符的区别，在 VB 表达式中，乘号"＊"不能省略，更不能写成"×"或"·"。

（2）上述操作顺序有一个例外，就是当幂和负号相邻时，负号优先。例如，4^−2 相当于4^（−2），结果是 0.0625（4 的负 2 次方）。

3.3.2　连接运算符和字符型表达式

使用字符串连接运算符可以对若干个字符串常量、字符串变量及返回字符串的函数进行连接操作，从而得到一个较大的字符串。用于字符串连接的运算符有"＋"和"＆"两个。例如，设 A$ = "Mouse"，B$ = "Trap"，则执行 C$ = A$ + B$后，C$的值为"MouseTrap"。连接的两个操作数可以是数字，也可以是字符串，也可以是两者的混合。

"＋"既可用作加法运算符，也可用作字符串连接运算符，在有些情况下，用"＋"连接符运算时会出现错误。例如当运行语句"Print "你好"+111"，系统会有出错提示，而将"＋"改成"＆"屏幕则显示"你好 111"。所以"＆"运算符在连接操作中使用时会更安全可靠。

3.3.3　比较运算符和关系表达式

比较运算符也称为关系运算符，它是用来对两个表达式的值进行比较。由若干个关系运算符将常量、变量、表达式、函数连接起来的式子叫关系表达式。关系表达式的值是逻辑值，只有两种情况，即真（True）或假（False），通常作为判断用。表 3-4 列出了 VB 中常用的 6 种关系运算符。

表 3-4　　　　　　　　　　　　　　关系运算符

关 系 名	运 算 符	表达式例子
相等	=	X=Y
大于	>	X>Y
小于	<	X<Y
大于等于	>=	X>=Y
小于等于	<=	X<=Y
不等于	<>或><	X<>Y 或 X><Y

说明

（1）所有关系运算符的优先级相同。

（2）关系运算符既可对数值型数据进行比较，也可对字符串进行比较。在比较两个字符串大小时，按自左向右的顺序，逐一比较两个字符串的对应位置的 ASCII 字符的 ASCII 码值，第一次遇到 ASCII 码值不同时，哪个值大，哪个所在的字符串就大，如表达式："abcd" < "abCd" 的值为 False。

（3）在相应的场合，VB 把任何非 0 值解释为 True，而 0 解释为 False。

（4）要注意和数学表达式的书写不同。如在数学中要判断 x 是否在[a,b]中，可以写成 $a \leqslant x \leqslant b$，但在 VB 中不能写成 a<=x<=b，而应写成 a<=x and x<=b。

3.3.4　逻辑运算符和逻辑表达式

逻辑运算符用于进行逻辑判断，用逻辑运算符将算术表达式、关系表达式、常量、变量、返回逻辑结果的函数连接起来形成的有意义的式子称为逻辑表达式。逻辑表达式的值取 True 或 False。VB 提供了以下 6 个逻辑运算符（自上而下优先级由高到低）。

（1）逻辑非，格式为：Not <表达式>。

运算规则是：进行"取反"运算。例如，Not (3>8)的值为 True。

（2）逻辑与，格式为：<表达式 1> And <表达式 2>。

运算规则是：对两个表达式的值进行比较，如果两个表达式的值均为 True，结果才为 True；否则为 False。例如，(3>8) And (5<7)的值为 False。

（3）逻辑或，格式为：<表达式 1> Or <表达式 2>。

运算规则是：对两个表达式的值进行比较，如果其中一个表达式的值为 True，结果就为 True；只有两个表达式的值均为 False，结果才为 False。例如，(3>8) Or (5<7)的值为 True。

（4）逻辑异或，格式为：<表达式 1> Xor <表达式 2>。

运算规则是：如果两个表达式同时为 True 或同时为 False，则结果为 False，否则为 True。

例如，(3<8) Xor (5<7)的结果为 False。

（5）等价，格式为：<表达式 1> Eqv <表达式 2>。

运算规则是：如果两个表达式同时为 True 或同时为 False，则结果为 True。例如，(3<8) Eqv (5<7)的结果为 True。

（6）蕴涵，格式为：<表达式 1> Imp <表达式 2>。

运算规则是：当表达式 1 取值为 True 而表达式 2 的取值为 False 时，整个表达式的取值为 False，其他情况下蕴涵表达式的值均为 True。例如，(3<8) Imp (5>7)的值为 False，而(3<8) Imp (5<7)的值为 True。

上述运算符中除逻辑非运算为单目运算符外，其余均为双目运算符。表 3-5 列出了 6 种逻辑运算的"真值"。

表 3-5　　　　　　　　　　　　　　　　逻辑运算真值表

A	B	Not A 非	And 与	Or 或	Xor 异或	Eqv 相等	Imp 蕴涵
T	T	F	T	T	F	T	T
T	F	F	F	T	T	F	F
F	T	T	F	T	T	F	T
F	F	T	F	F	F	T	T

注：T——True，F——False。

3.3.5　各种运算符的优先级

在一个表达式中进行若干操作时，每一部分都会按预先确定的顺序进行计算求解，这个顺序称为运算符的优先顺序。在运算过程中须遵循以下原则。

（1）可以用圆括号"( )"改变表达式的运算顺序，括号中的运算符总是先被运算。但括号内的运算仍然遵循优先级的顺序。

（2）表达式中函数优先于任何运算符（函数的使用详见 3.4 节）。

（3）在表达式中，当运算符不止一种时，要先处理算术运算符，接着处理字符串连接运算符(&)，然后再处理比较运算符，最后是逻辑运算符。

（4）所有比较运算符的优先顺序都相同；也就是说，要按它们出现的顺序从左到右进行处理。而算术运算符和逻辑运算符则必须按 3.3.1 节和 3.3.4 节中所述的优先顺序进行处理。同级的运算符在一起时，按自左向右顺序运算。

3.3.6　课堂实例 1——判断闰年

【实例学习目标】

"判断闰年"程序主要是根据输入的某一年来判断该年是否为闰年。闰年的条件是符合下面二者之一：①能被 4 整除，但不能被 100 整除；②能被 4 整除，又能被 400 整除。通过这个实例掌握各种表达式的应用方法。

程序界面如图 3-4 所示。

（a）程序设计界面　　　　　　　　　　（b）程序运行界面

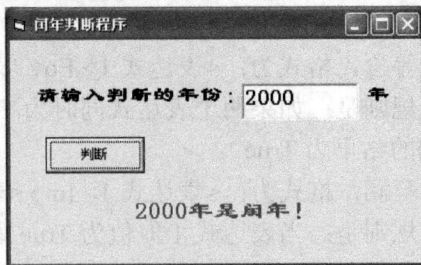

图 3-4　课堂实例 1 的界面

【实例程序实现】

（1）如图 3-4（a）所示，建立 3 个标签控件、1 个文本框控件和 1 个判断按钮，调整其格式。

（2）通过属性窗口修改对象的属性值，具体设置如表 3-6 所示。

表 3-6　　　　　　　　　　　　　　课堂实例 1 中的对象属性

对　　象	属　　性	设　　置
Form1	Caption	闰年判断程序
Label1	AutoSize	True
	Caption	请输入判断的年份：
	Font	隶书，四号，粗体
Label2	AutoSize	True
	Caption	年
	Font	隶书，四号，粗体
Label3	AutoSize	True
	Caption	空
	Font	隶书，三号，粗体
	ForeColor	&H000000FF&（红色）
Text1	Text	空
	Font	隶书，四号，粗体
Command1	Caption	判断

（3）鼠标双击"判断"按钮，在 Click 事件中编写如下代码：

```
Private Sub Command1_Click()
    Dim year1 As Integer
    year1 = Text1.Text
    If year1 Mod 4 = 0 And year1 Mod 100 <> 0 Or year1 Mod 400 = 0 Then
    '根据闰年的条件进行逻辑判断
        Label3.Caption = year1 & "年是闰年！"
    Else
```

```
        Label3.Caption = year1 & "年不是闰年！"
    End If
End Sub
```

（4）保存并运行程序。

> 为了更好地加强程序的健壮性，可加入对文本框内容进行判断的代码，以保证输入错误数据时程序不出错。

3.4 常用内部函数

任务 4：了解 VB 的各类内部函数的格式和使用方法，能灵活运用。实现数字电子钟的设计。

VB 中提供了大量的标准函数，用户在程序代码中可随时调用。这些函数有些是通用的，有些是与某种操作有关，大体上可分为 5 类：数学函数、字符串函数、日期/时间函数、测试函数、转换函数。函数的一般调用格式如下。

函数名([参数表])

> 参数表可以有一个参数或逗号隔开的多个参数，多数参数都可以使用表达式。函数一般作为表达式的组成部分调用。

用户调用某函数时，应弄清该函数带几个参数（数学中称为自变量）、各参数的类型是什么、函数的返回值是何类型以及函数的调用格式等。

3.4.1 数学函数

数学函数主要用于对数值型数据进行数据处理，其返回值多为数值型。它们的函数名、类型和功能如表 3-7 所示。

表 3-7 数学函数

函数名	函数值类型	功 能	举 例
Abs(x)	同 x 的类型	求 x 的绝对值	Abs(6.8)=6.8，Abs(−8)=8
Sgn(x)	Integer	求实参 x 的符号。x>0，其值为 1；x=0，其值为 0；x<0，其值为−1	Sgn(132)=1，Sgn(−132)=−1，Sgn(0)=0
Sqr(x)	Double	求 x 的算术平方根，x≥0	Sqr(49)=7，Sqr(20.25)=4.5
Exp(x)	Double	求自然常数 e 的幂	Exp(1)=2.718 281 828 459 05
Log(x)	Double	求 x 的自然对数，x>0	Log(1)=0
Sin(x)	Double	求 x 的正弦值	Sin(0)=0
Cos(x)	Double	求 x 的余弦值	Cos(0)=1
Tan(x)	Double	求 x 的正切值	Tan(0)=0
Atn(x)	Double	求 x 的反正切值，返回单位是弧度	Atn(1)=0.785 398 163 397 448
Int(x)	Integer	求不大于 x 的最大整数	Int(3.8)=3，Int(−3.8)=−4
Fix(x)	Integer	求 x 的整数部分	Fix(3.8)=3，Fix(−3.8)=−3
Rnd[(x)]	Single	求 0～1 之间的单精度随机数	Rnd(1)，Rnd

表 3-7 中的数学函数说明如下。

（1）表中的 x 表示函数的参数，它可以是数字常量、变量或表达式。

（2）自然对数 ln 在 VB 中要写成 log。假如要求以任意数 n 为底，以数值 x 为真数的对数值，要写成表达式：log(x)/log(n)。

（3）三角函数的自变量 x 是一个数值表达式。其中 Sin、Cos 和 Tan 的自变量是以弧度为单位的角度，返回数值，而 Atn 函数的自变量是正切值，它返回正切值为 x 的角度，是以弧度为单位的。一般情况下，角度可以用下面的公式转换为弧度：

1 度=π/180=3.14159/180 (弧度)

（4）使用 Rnd 函数可以产生随机小数。当一个应用程序不断重复使用随机数时，同一序列的随机数可能会反复出现，为了避免这一情况，可以在使用该函数之前使用 Randomize 语句。参数 x 是随机数产生的"种子"，可以省略。若 x=0，则返回最近一次使用该函数得到的随机数。

3.4.2 字符串函数

字符串函数是用于对字符串进行处理的，其返回值大部分为字符串。它们的函数名、类型和功能如表 3-8 所示。

表 3-8　　　　　　　　　　　　　字符串函数

函数名	函数值类型	功　能	举　例
Asc(x)	Integer	求字符串中第 1 个字符的 ASCII 值	Asc("B")=66，Asc("ABC")=65
Chr(x)	String	求 ASCII 值为 N 的字符	Chr(67)= "C"
Str(x)	String	将数值型数据 x 转化为字符串，并在前头保留一个空位来表示正负。若 x>0，返回的字符串中包含一个前导空格。	Str(−12345)= "−12345"　Str(12345)= "12345"
Val(x)	Double	将字符串 x 中的数字字符转换成数值型数据	Val("12345abc")=12345，遇到第 1 个非数字的字符时，停止转换
Len(x)	Long	求字符串 x 中包含的字符个数	Len("ABC 你好 45")=7
Ucase(x)	String	将字符串 x 中的所有小写字母转换成大写字母，原本大写或非字母之字保持不变	Ucase("Basic")="BASIC"
Lcase(x)	String	将字符串 x 中的所有大写字母转换成小写字母，原本小写或非字母之字保持不变	Ucase("Basic")="basic"
Space(n)	String	产生 n 个空格的字符串	Len(Space(5))=5
String(x,n)	String	产生 n 个由 x 指定的第 1 个字符组成的字符串，x 可以是 ASCII 值	String(5, "BASIC")="BBBBB"　String(5,66)="BBBBB"
Left(x,n)	String	从字符串 x 左边截取 n 个字符	Left("Basic",4)= "Basi"
Right(x,n)	String	从字符串 x 右边截取 n 个字符	Right("Basic",4)= "asic"
Mid(x,n1[,n2])	String	从字符串 x 中的 n1 指定处开始，截取 n2 个字符；如 n2 省略则返回从 n1 到尾端的所有字符	Mid("Basic",2,2)= "as"　Mid("Basic",2)= "asic"
Ltrim(x)	String	删除字符串 x 的前导空格	Ltrim(" Basic")="Basic"
Rtrim(x)	String	删除字符串 x 的尾部空格	Ltrim("Basic ")= "Basic"
Trim(x)	String	删除字符串 x 的前导和尾部空格	Ltrim(" Basic ")="Basic"

注：表中的 x 表示字符表达式，n 表示数值表达式。

3.4.3　日期/时间函数

日期/时间函数主要对系统日期/时间或日期/时间型常量、变量进行处理。它们的函数名、类型和功能如表 3-9 所示。

表 3-9　日期函数

函　数　名	函数值类型	功　　能	举　　例
Now	Date	返回当前的系统日期和系统时间，无参数	
Date	Date	返回当前的系统日期，无参数	
Time	Date	返回系统时间	
Year(D)	Integer	返回 D 表示的日期中的年份，参数 x 可以是任何表示日期的数值、字符串表达式或它们的组合	Year(Now)=2010 Year(# 8/15/2000 #)=2000
Month(D)	Integer	意义同 Year 函数，返回日期 D 的月份	Month(Now)=11 Month(# 8/15/2000 #)=8
Day(D)	Integer	返回日期 D 的日数	Day(# 8/15/2000 #)=15
WeekDay(D)	Integer	返回日期 D 是星期几，数字 1～7 分别代表周日～周六	WeekDay(# 8/15/2000 #)=3
Hour(D)	Integer	返回时间参数 D 中的小时数	Hour(Now)
Minute(D)	Integer	返回时间参数 D 中的分钟数	Minute(Time)
Second(D)	Integer	返回时间参数 D 中的秒数	Second(Now)

3.4.4　测试函数

测试函数可以用来测试参数值的类型，常见的判断函数的函数名和函数值的类型如表 3-10 所示。其中，参数可以是除用户自定义数据类型变量之外的任何其他类型变量。

表 3-10　测试函数

函　数　名	函数值类型	功　　能	举　　例
IsNumeric(x)	Boolean	判断参数的值是否为数值型	IsNumeric("53")=True IsNumeric("53 hello")=False
IsDate(x)	Boolean	判断参数的值是否为合法的日期	IsDate(#11/4/2010#)=True IsDate("Hello")=False
IsEmpty(x)	Boolean	变量未初始化或被置为空时返回 True	Dim myval IsEmpty(myval)=Ture IsEmpty("aaaa")=False

3.4.5　转换函数

转换函数可以将一种类型的数据转换成另一种类型，常见的转换函数的函数名和函数值的类型如表 3-11 所示。

表 3-11   转换函数

函数名	函数值类型	功　　能	举　　例
Hex(x)	String	将十进制数 x 转换成十六进制数	Hex(459)=1CB
Oct(x)	String	将十进制数 x 转换成八进制数	Oct(459)=713
Cint(x)	Integer	把参数 x 的小数部分四舍五入，转换为整数	Cint(543.67)=544
CLng(x)	Long	把参数 x 的小数部分四舍五入，转换为长整数	CLng(23456.78)=23457
CDate(x)	Date	把字符串 x 转换成合法的日期格式	CDate("11/6/2010")=#2010-11-6# CDate(1566.65)=#1904-4-14 15:36:00#

3.4.6　其他常用函数

1．VarType 函数

返回一个 Integer，指出变量的子类型。

格式：VarType(x)，其中 x 是除用户自定义类型变量之外的任何变量。

例如，VarType("Hello World")=8　　　　　VarType(#11/8/2010#)=7

返回值的情况如表 3-12 所示。

表 3-12   类型函数返回值

常　　数	值	描　　述
vbEmpty	0	Empty（未初始化）
vbNull	1	Null（无有效数据）
vbInteger	2	整数
vbLong	3	长整数
vbSingle	4	单精度浮点数
vbDouble	5	双精度浮点数
vbCurrency	6	货币值
vbDate	7	日期
vbString	8	字符串
vbObject	9	对象
vbError	10	错误值
vbBoolean	11	布尔值
vbVariant	12	Variant（只与变体中的数组一起使用）
vbDataObject	13	数据访问对象
vbDecimal	14	十进制值
vbByte	17	位值
vbUserDefinedType	36	包含用户定义类型的变量
vbArray	8192	数组

说明　　这些常数是由 VB 为应用程序指定的。这些名称可以在程序代码中到处使用，以代替实际值。

2．Shell 函数

执行一个可执行文件，返回一个 Variant (Double)，如果成功的话，代表这个程序的任务 ID，启动该程序；若不成功，则会返回 0。

格式：Shell(pathname[,windowstyle])

例如，

Shell("C:\WINDOWS\CALC.EXE", 1)

'以正常大小的窗口启动计算器程序，并具有焦点

Shell 函数的语法含有表 3-13 所示的这些命名参数。

表 3-13　　　　　　　　　　　　　　　　Shell 函数的参数

参数	描　　述
pathname	必要参数。Variant (String)，要执行的程序名，以及任何必需的参数或命令行变量，可能还包括目录或文件夹以及驱动器
windowstyle	可选参数。Variant (Integer)，表示在程序运行时窗口的样式。如果 windowstyle 省略，则程序是以具有焦点的最小化窗口来执行的

windowstyle 命名参数有表 3-14 所示的这些值。

表 3-14　　　　　　　　　　　　　　　　windowstyle 参数的值

常　　量	值	描　　述
VbHide	0	窗口被隐藏，且焦点会移到隐式窗口
VbNormalFocus	1	窗口具有焦点，且会还原到它原来的大小和位置
VbMinimizedFocus	2	窗口会以一个具有焦点的图标来显示
VbMaximizedFocus	3	窗口是一个具有焦点的最大化窗口
VbNormalNoFocus	4	窗口会被还原到最近使用的大小和位置，而当前活动的窗口仍然保持活动
VbMinimizedNoFocus	6	窗口会以一个图标来显示。而当前活动的的窗口仍然保持活动

> 缺省情况下，Shell 函数是以异步方式来执行其他程序的。也就是说，用 Shell 启动的程序可能还没有完成执行过程，VB 系统就已经执行到 Shell 函数之后的语句。

3.4.7　课堂实例 2——数字电子钟

【实例学习目标】

"数字电子钟"程序主要通过标签控件来不断地显示当前时间。通过这个实例，重点了解函数尤其是时间函数的使用方法。

程序运行界面如图 3-5 所示。

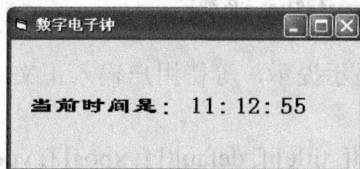

图 3-5　课堂实例 2 的运行界面

【实例程序实现】

（1）在窗体中建立 4 个标签控件和 1 个时钟控件，具体的属性设置如表 3-15 所示。

表 3-15   课堂实例 5 的对象属性设置

对　　象	属　　性	设　　置
Form1	Caption	数字电子钟
Label1	Caption	当前时间是：
Label2	Caption	空
	Font	隶书、粗体、三号
	AutoSize	True
Label3	Caption	空
	Font	隶书、粗体、三号
	AutoSize	True
Label4	Caption	空
	Font	隶书、粗体、三号
	AutoSize	True
Timer1	Interval	1000

（2）输入代码程序。

双击时钟控件，在代码窗口中编写以下内容：

```
Private Sub Timer1_Timer()
    Label2.Caption = Hour(Now) & ":"          '获取当前小时数
    Label3.Caption = Minute(Now) & ":"
    Label4.Caption = Second(Now)
End Sub
```

3.5　数据输入、数据输出

任务 5：掌握输入/输出语句的格式和使用方法，完成档案资料的输入工作。

除界面外，一个计算机程序通常可分为 3 部分：输入、处理和输出。VB 的输入输出有着十分丰富的内容和形式，本节中将主要介绍通过函数创建预定对话框进行数据的输入和输出的方法。

3.5.1　数据输入——InputBox 函数

（1）功能：在对话框来中显示提示，等待用户输入正文或按下按钮，并返回包含文本框内容的字符串。

（2）格式：InputBox(prompt[, title] [, default] [, xpos] [, ypos] [, helpfile, context])

（3）InputBox 函数的参数说明如表 3-16 所示。

表 3-16 InputBox 函数的参数说明

部　　分	描　　述
prompt	必需的。作为对话框消息出现的字符串表达式。prompt 的最大长度大约是 1024 个字符，由所用字符的宽度决定。如果 prompt 包含多个行，则可在各行之间用回车符(Chr(13))、换行符(Chr(10))或回车换行符的组合(Chr(13) & Chr(10))来分隔
title	可选的。显示对话框标题栏中的字符串表达式。如果省略 title，则把应用程序名放入标题栏中
default	可选的。显示文本框中的字符串表达式，在没有其他输入时作为缺省值。如果省略 default，则文本框为空
xpos	可选的。数值表达式，成对出现，指定对话框的左边与屏幕左边的水平距离。如果省略 xpos，则对话框会在水平方向居中
ypos	可选的。数值表达式，成对出现，指定对话框的上边与屏幕上边的距离。如果省略 ypos，则对话框被放置在屏幕垂直方向距下边大约三分之一的位置
helpfile	可选的。字符串表达式，识别帮助文件，用该文件为对话框提供上下文相关的帮助。如果已提供 helpfile，则也必须提供 context
context	可选的。数值表达式，由帮助文件的作者指定给某个帮助主题的帮助上下文编号。如果已提供 context，则也必须要提供 helpfile

（4）举例：

```
Private Sub Form_Click()
    Dim Message, Title, Default, MyValue
    Message = "Enter a value between 1 and 3"     ' 设置提示信息
    Title = "InputBox Demo"                       ' 设置标题
    Default = "1"                                 ' 设置缺省值
    ' 下一条语句用来显示信息、标题及缺省值
    MyValue = InputBox(Message, Title, Default)
    ' 使用帮助文件及上下文编号。"帮助"按钮便会自动出现
    MyValue = InputBox(Message, Title, , , , "DEMO.HLP", 10)
    ' 在(100, 100)的位置显示对话框
    MyValue = InputBox(Message, Title, Default, 100, 100)
End Sub
```

① 如果同时提供了 Helpfile 与 Context，用户可以按 F1 键来查看与 context 相应的帮助主题。某些主应用程序，例如，Microsoft Excel，会在对话框中自动添加一个 Help 按钮。

② 如果用户单击 OK 按钮或按下 Enter 键，则 InputBox 函数返回文本框中的内容。如果用户单击 Cancel 按钮，则此函数返回一个长度为零的字符串("")。

③ 在使用该函数时，如果只使用了第一个参数，则函数调用可单独作为一条语句出现，否则必须把函数调用放在表达式中使用。

④ 如果要省略某些位置参数，且在其后还使用了其他参数，则缺省参数的位置必须加入相应的逗号分界符。

3.5.2　数据输出——MsgBox 函数

（1）功能：在对话框中显示消息，等待用户单击按钮，并返回一个 Integer，告诉用户单击哪一个按钮。

（2）格式：MsgBox(prompt[, buttons] [, title] [, helpfile, context])。

（3）MsgBox 函数的参数说明如表 3-17 所示。

表 3-17　　　　　　　　　　　　　MsgBox 函数的参数说明

部　　分	描　　述
prompt	必需的。字符串表达式，作为显示在对话框中的消息。prompt 的最大长度大约为 1024 个字符，由所用字符的宽度决定。如果 prompt 的内容超过一行，则可以在每一行之间用回车符(Chr(13))、换行符(Chr(10))或是回车与换行符的组合(Chr(13) & Chr(10))将各行分隔开来
buttons	可选的。数值表达式是值的总和，指定显示按钮的数目及形式，使用的图标样式，缺省按钮是什么以及消息框的强制回应等。如果省略，则 buttons 的缺省值为 0
title	可选的。在对话框标题栏中显示的字符串表达式。如果省略 title，则将应用程序名放在标题栏中
helpfile	可选的。字符串表达式，识别用来向对话框提供上下文相关帮助的帮助文件。如果提供了 helpfile，则也必须提供 context
context	可选的。数值表达式，由帮助文件的作者指定给适当的帮助主题的帮助上下文编号。如果提供了 context，则也必须提供 helpfile

（4）buttons 参数通常有以下 4 组数字相加而成，一般每组值中取一个数字。表 3-18 列出了 buttons 参数的设置值，这些常数名称在程序代码中可直接使用。

表 3-18　　　　　　　　　　　　　buttons 参数设置

组别	作　　用	常　　数	值	描　　述
1	描述了对话框中显示的按钮的类型与数目	VbOKOnly	0	只显示 OK 按钮
		VbOKCancel	1	显示 OK 及 Cancel 按钮
		VbAbortRetryIgnore	2	显示 Abort、Retry 及 Ignore 按钮
		VbYesNoCancel	3	显示 Yes、No 及 Cancel 按钮
		VbYesNo	4	显示 Yes 及 No 按钮
		VbRetryCancel	5	显示 Retry 及 Cancel 按钮
2	描述了图标的样式	VbCritical	16	显示 Critical Message 图标
		VbQuestion	32	显示 Warning Query 图标
		VbExclamation	48	显示 Warning Message 图标
		VbInformation	64	显示 Information Message 图标
3	说明哪一个按钮是缺省值	VbDefaultButton1	0	第一个按钮是缺省值
		VbDefaultButton2	256	第二个按钮是缺省值
		VbDefaultButton3	512	第三个按钮是缺省值
		VbDefaultButton4	768	第四个按钮是缺省值
4	决定消息框的强制返回性	VbApplicationModal	0	应用程序强制返回；应用程序一直被挂起，直到用户对消息框作出响应才继续工作
		VbSystemModal	4096	系统强制返回；全部应用程序都被挂起，直到用户对消息框作出响应才继续工作

（5）MsgBox 函数等待用户单击按钮，通过返回的一个 Integer 型数值得知用户单击了哪一个按钮，返回值如表 3-19 所示。如果用户按下 Esc 键，则与单击 Cancel 按钮的效果相同。

表 3-19	MsgBox 的返回值	
按 钮 名	内 置 常 量	返 回 值
OK	VbOK	1
Cancel	VbCancel	2
Abort	VbAbort	3
Retry	VbRetry	4
Ignore	VbIgnore	5
Yes	VbYes	6
No	VbNo	7

（6）举例。

```
Private Sub Form_Click()
    Dim Msg, Style, Title, Response, MyString
    Msg = "Do you want to continue ?"                         ' 定义信息
    Style = VbYesNo + VbCritical + VbDefaultButton2           ' 定义按钮
    Title = "MsgBox Demonstration"                            ' 定义标题
    Response = MsgBox(Msg, Style, Title, Help, Ctxt)
    If Response = VbYes Then                                  ' 用户按下"是"
        MyString = "Yes"                                      ' 完成某操作
    Else                                                      ' 用户按下"否"
        MyString = "No"                                       ' 完成某操作
    End If
End Sub
```

3.5.3　数据输出——Print 方法

（1）功能：Print 方法可以在窗体上显示文本字符串和表达式的值，也可在其他图形对象或打印机上输出信息。

（2）格式：[对象名称.]Print [表达式表] [,|;]。

（3）说明：

① "对象名称"可以是窗体（Form）、图片框（PictureBox）或打印机（Printer），也可以是立即窗口（Debug）。如果省略"对象名称"，则在当前窗体上输出。

② "表达式表"是一个或多个表达式，可以是数值表达式或字符串。对于数值表达式，打印出表达式的值；而字符串则照原样输出。如果省略"表达式表"，则输出一个空行。

③ 当输出多个表达式或字符串时，各表达式用分隔符（逗号、分号或空格）隔开。如果用逗号分隔，则按标准输出格式（以 14 个字符为一区，分区输出格式）显示数据项。如果各输出项之间用分号或空格作分隔符，则按紧凑输出格式输出数据。

④ 当输出数值数据时，数值的前面有一个符号位，后面有一个空格，而字符串前后都没有空格。

⑤ 在一般情况下，每执行一次 Print 方法都要自动换行。为了仍在同一行上显示，可以在末尾加上一个分号或逗号。

（4）举例。

```
Private Sub Form_Click()
    Dim x as integer, y as integer, z as integer
    X=5: Y=10: Z=15
     Print x,y,z,"ABCDEF"
    Print
    Print x,y,z ; "ABCDEF" ;
    Print "GHIJK "
End Sub
```

输出结果为：

```
5            10            15            ABCDEF

5            10            15 ABCDEFGHIJK
```

3.5.4 课堂实例 3——档案资料输入

【实例学习目标】

"档案资料输入"程序可通过输入提示框依次输入学生姓名、班级、年龄，并把结果显示在屏幕上。通过这个实例，重点掌握 InputBox 函数、MsgBox 函数和 Print 语句的使用方法。

程序运行界面如图 3-6 所示。

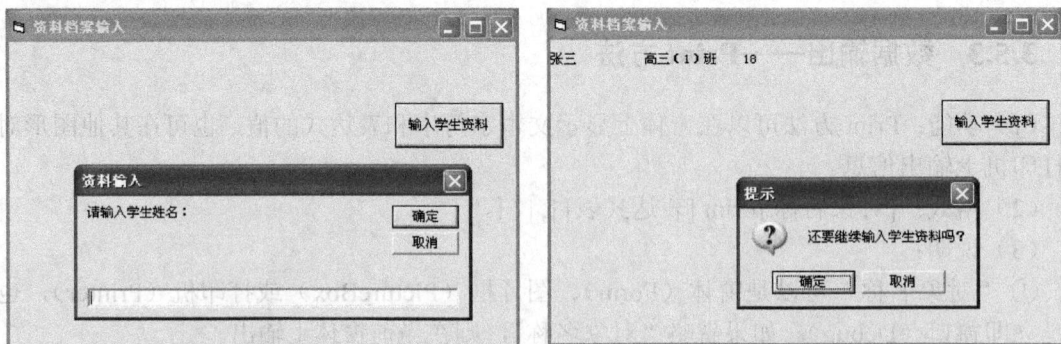

（a）资料输入界面   （b）提示信息界面

图 3-6 课堂实例 3 的运行界面

【实例程序实现】

（1）在窗体中建立按钮控件，属性设置如表 3-20 所示。

表 3-20		课堂实例 3 的对象属性设置	
对　象	属　性		设　置
Form1	Caption		资料档案输入
Command1	Caption		输入学生资料

（2）输入代码程序。

在 Command1 的代码编辑器中输入以下代码：

```
Private Sub Command1_Click()
    Dim sname As String, class As String, nl As Integer
    a = InputBox("请输入学生姓名：", "资料输入")
    b = InputBox("请输入学生班级：", "资料输入")
    nl = Val(InputBox("请输入学生年龄：", "资料输入"))
    Print a, b, nl
    msg = MsgBox("还要继续输入学生资料吗？", vbOKCancel + vbQuestion, "提示")
    If msg = vbOK Then
        Command1_Click          '重复学生资料的输入
    End If
End Sub
```

思考与练习

一、选择题

1．下列可作为 Visual Basic 的变量名的是（　　　）。

A．4*Delta　　　　B．Alpha　　　　　C．4ABC　　　　　D．ABπ

2．数字"8.6787E+6"写成普通的十进制数是（　　　）。

A．86787000　　B．867870000　　C．8678700　　　D．8678700000

3．设 a=2，b=3，c=4，d=5，下列表达式的值是（　　　）。

　　3>2*b OR a=c AND b<>c OR c>d

A．1　　　　　　　B．True　　　　　C．False　　　　D．−1

二、填空题

1．下列 VB 表达式有错误，其正确的形式是_____。

　　[(x+y)+z]　×80−5(C+D)

2．执行以下语句后，输出结果是_____。

　　S="ABCDEFGHIJK"<CR>

　　Print mid(s,4,3)；<CR>

　　Print len(s)<CR>

3．假定当前日期为 2010 年 11 月 8 日、星期一，则执行以下语句后，输出结果分别是_____、_____、_____、_____。

```
Print    Day(now) <CR>
Print    Month(now) <CR>
Print    Year(now) <CR>
Print    Weekday(now) <CR>
```

三、思考题

1．在 VB 中变量有哪些类型，如何定义？

2．VB 常用的算术函数有哪些？

3．InputBox 函数与 MsgBox 函数如何使用？

第4章 常用控件

【学习导航】

学习目标	知 识 要 点	能 力 要 求
图形控件	图片框、图像框的主要属性、常用事件和方法	掌握图片框和图像框的区别并能正确加载图形与应用图形控件
选择控件	（1）单选按钮、复选框的使用方法 （2）列表框和组合框的风格	能正确且熟练地挑选和使用选择类控件
滚动条控件	水平和垂直滚动条的辅助作用	能够掌握将滚动条作为输入值等的辅助设计
计时器控件	计时器控件的属性和事件	学会设置时钟程序等

【教学重点】

图片框和图像框的区别、单选按钮和复选框以及列表框和组合框的使用、滚动条和计时器的实际使用。

【学习任务】

本章的主要任务描述如下。

➢ 了解图形控件的基本属性、事件和方法，掌握图片框和图像框的区别，学会图形控件的加载与应用。

➢ 综合掌握单选按钮、复选框和框架控件的各主要属性和使用方法。学会在应用程序中用框架分割选项，用单选按钮或复选框实现项目选择。

➢ 掌握列表框和组合框的属性，事件和方法。利用组合框和列表框实现模拟演示对字体格式设置的实用程序。

➢ 掌握滚动条的功能和相关事件，学会将滚动条作为辅助控件的使用。

➢ 了解计时器控件的实用性，掌握计时器控件的事件，学会使用计时器控件设置时钟、倒计时等。

4.1 图 形 控 件

任务 1：了解图形控件的基本属性、事件和方法，掌握图片框和图像框的区别，学会图形控件的加载与应用。

  Visual Basic 中与图形有关的标准控件主要有图片框和图像框，用于在窗体的指定位置显示图形信息，支持显示 BMP、ICO、WMF、GIF、JPEG 等文件的图形，而且图片框还支持图形方法和 Print 方法，并可以作为其他控件的容器。

4.1.1 图片框的使用

  在工具箱中，图片框（PictureBox）的图标是 ▨。图片框使用比较灵活，一般用于动态情况，即需要对其中加载的图片进行修改的情况。

  1．图片框的属性

  图片框主要的属性如下。

  （1）Picture 属性。

  该属性决定图片框中显示的图片，可以在属性窗口中找到 Picture 属性直接进行设置，也可以通过 LoadPicture 方法进行动态设置。使用 LoadPicture 方法给图片框加载图片的语法格式为：图片框名称.Picture=LoadPicture（图片文件的地址）。

> 其中，"图片文件的地址"可以是相对地址也可以是绝对地址。图片框中的图形也可以用 LoadPicture 删除。例如，Picture1.Picture=LoadPicture()。

  （2）AutoSize 属性。

  该属性设置图片框是否能够根据加载的图像自动调整大小。为 False（默认）时，表示加载到图片框中的图像保持原始尺寸大小，如果图像尺寸大于图片框，超出的部分将自动被裁剪掉；为 True 时，则图片框就会根据图像的尺寸自动调整大小。

> 如果将图片框的该属性设置为 True，设计窗体时就需要特别小心。图像将忽略窗体中的其他控件而进行尺寸调整，这可能会导致覆盖其他控件的后果。

  （3）Align 属性。

  该属性决定图片框在窗体中的显示位置。

  0——None：默认，可放在任意位置。

  1——Top：图片框放置在窗体的顶部。

  2——Bottom：图片框放置在窗体的底部。

  3——Left：图片框放置在窗体的左侧。

  4——Right：图片框放置在窗体的右侧。

  2．图片框的方法

  （1）Print 方法：使用 Print 方法就可在图片框上输出文本。

  （2）Cls 方法：清屏。

> 使用 Print 方法的前提条件是将 AutoRedraw 属性设置为 True。这样与窗体的 Print 使用方法基本一样。

【**例 4.1**】　加载图片框 1 中的图片并在图片框 1 上输出文字，复制图片到图片框 2 中，清除。其操作步骤如下。

（1）在窗体中添加如图 4-1 所示的两个图片框和 4 个命令按钮控件。

（2）在窗体的代码窗口中，编写代码如下。

```
Private Sub Loadpic_Click()
    Picture1.Picture = LoadPicture(App.Path & "\test.jpg") '装载一幅图片在 Picture1 中
End Sub
Private Sub Printtex_Click()
    Picture1.ForeColor = vbRed
    Picture1.Print "我会画画"
End Sub
Private Sub Copypic_Click()
    Picture2.Picture = Picture1.Picture
End Sub
Private Sub Clspic_Click()
    Picture2.Picture = LoadPicture("")          '清除 Picture2 中的内容
End Sub
```

（3）运行工程。按顺序单击"加载图片"、"打印文本"、"复制图片" 3 个按钮，效果如图 4-2 所示。

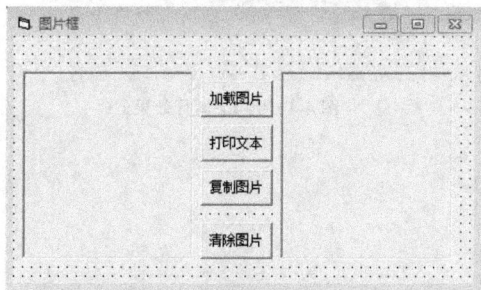

图 4-1　例 4.1 设计界面　　　　　　　　　　　　图 4-2　例 4.1 运行效果

（4）单击"清除图片"按钮，则图片框 2 中的图片被清除。

4.1.2　图像框的使用

在工具箱中，图像框(Image)的图标是 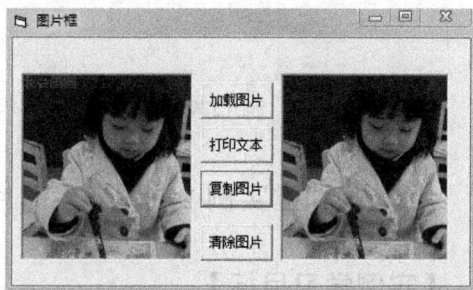。图像框一般只用于静态情况，即图片不需要改变，此时使用图像框占用的系统资源比图片框少而且重新绘图速度快。

1．图像框与图片框的区别

图像框的属性与图形框基本相同，但也有一些不同之处，区别在于两点：一是图像框不能作为容器存放其他控件；二是图像框没有 AutoSize 属性，但是有 Stretch 属性。

2．图像框的属性

图像框的属性主要有 Stretch 属性。该属性用于伸展图像。加载图片时，能够自动调整大小以适应控件——不管在窗体上把 Image 控件画得有多大或有多小。该值为 False（默认）时，图像载入时，图像框本身会自动调整大小，使得图像框可以填满图像框；为 True 时，图像自动调整大小，填满整个图像框，但这样会导致被加载的图像变形。

【例 4.2】 图像框 Stretch 属性的作用。

其操作步骤如下。

（1）在窗体上添加两个如图 4-3 所示的图像框，界面如图 4-3 所示。

（2）在窗体的 load 事件中编写代码如下。

```
Private Sub Form_Load()
    Image1.Stretch = False          '将 Stretch 属性设为 False
    Image1.Picture = LoadPicture(App.Path & "\test.jpg")    '加载图片
    Image2.Stretch = True           '将 Stretch 属性设为 False
    Image2.Picture = LoadPicture(App.Path & "\test.jpg")    '加载图片
End Sub
```

（3）运行工程，效果如图 4-4 所示。

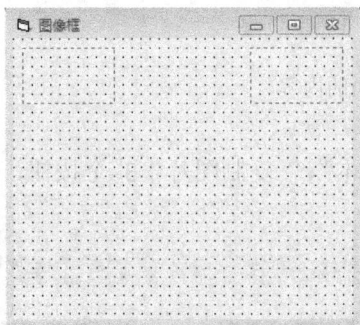

图 4-3　例 4.2 设计界面

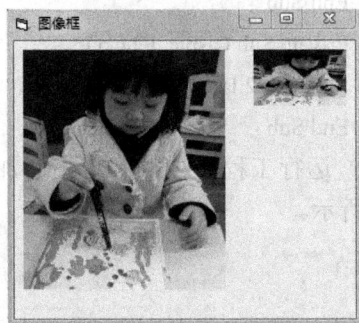

图 4-4　例 4.2 运行效果

4.1.3　课堂实例 1——交换图片

【实例学习目标】

"交换图片"程序，要求交换图片框和图像框中的图形。通过这个实例，学会对图片框和图像框控件图形的加载及图形控件的属性应用。

程序运行界面如图 4-5 所示。

图 4-5　课堂实例 1 的运行界面

【实例程序实现】

（1）属性设置如表 4-1 所示。

表 4-1 课堂实例 1 的对象属性设置

对 象	属 性	设 置
Form1	Caption	交换图片
Command1	Caption	交换
Picture1	AutoSize	False
Picture2	AutoSize	False
	Visible	False
Image1	Stretch	True

（2）输入代码程序。

交换两个变量的操作是十分普通的操作，通常要引入第 3 个变量进行交换。交换两个图片的操作与此类似。

```
Private Sub Form_Load()
    Picture1.Picture = LoadPicture(App.Path & "\1.jpg")
    Image1.Picture = LoadPicture(App.Path & "\2.jpg")
End Sub
Private Sub Command1_Click()
    Picture2.Picture = Picture1.Picture
    Picture1.Picture = Image1.Picture
    Image1.Picture = Picture2.Picture
    Picture2.Picture = LoadPicture()    '把交换用的图片框设置为空
End Sub
```

> **说明** 由于用 LoadPicture 函数把用于交换的图片框设置为空，被交换的图形在图片框中一闪即逝。

4.2 单选按钮、复选框和框架

任务 2：综合掌握单选按钮、复选框和框架控件的各主要属性和使用方法。学会在应用程序中用框架分割选项，用单选按钮或复选框实现项目选择。

在进行标准化考试时，常常遇到这样两类试题：单项选择题和多项选择题；又比如希望在应用程序界面上提供一些项目，让用户从几个选项中选择其一或者多个选择互不影响，这时就可以使用单选按钮和复选框。

4.2.1 单选按钮的使用

在工具箱中，单选按钮（OptionButton）的图标是 ⊙。单选按钮通常成组出现，主要用于处理"多选一"的问题。当某一项被选定后，其左边的圆圈中出现一个黑点，如图 4-6 所示。

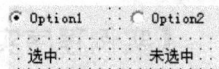

图 4-6　单选按钮

用户在一组单选按钮中必须选择一项，并且最多只能选择一项，各选项之间是互斥的。

1．单选按钮的属性

单选按钮主要的属性如下。

（1）Alignment 属性。

该属性决定单选按钮的说明文字在左边还是在右边。取值为 0（默认）时，标题显示在右边。

（2）Caption 属性。

该属性设置出现在单选按钮旁边的文本。

（3）Value 属性。

该属性设置单选按钮选中或不被选中的状态。为 True 时选中，为 False 时为不被选中。

（4）Style 属性。

该属性用来设置控件的外观。

0——Standard：标准方式。

1——Graphical：图形方式。

> 当设置为 1 时，可利用 Picture、DownPicture 和 DisablePicture 分别设置不同的图像，分别表示没选中、选中和禁止选择 3 种状态。

2．单选按钮的事件

单选按钮可响应的事件是 Click 事件，但一般情况下不对 Click 事件进行处理，当单击单选按钮时，将自动转换其状态。

【例 4.3】　利用一组单选按钮实现民族的选择。两个标签，一个用来做提示语，一个用来显示选择结果。

其操作步骤如下。

（1）在窗体中添加如图 4-7 所示的 3 个单选按钮和 2 个标签控件。

（2）编写代码如下。

```
Private Sub Option1_Click()
    Label2.Caption = "原来你是汉族的！"
End Sub
Private Sub Option2_Click()
    Label2.Caption = "原来你是回族的！"
End Sub
Private Sub Option3_Click()
    Label2.Caption = "原来你是蒙古族的！"
End Sub
```

（3）运行工程，效果如图 4-8 所示。

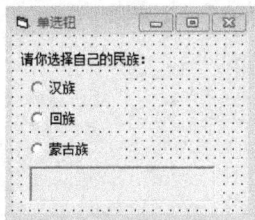

图 4-7　例 4.3 设计界面

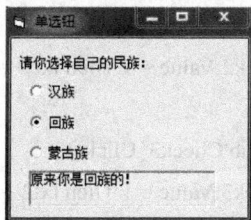

图 4-8　例 4.3 运行效果

4.2.2　复选框的使用

在工具箱中，复选框（CheckBox）的图标是☑。复选框也称检查框。复选框列出了可供用户选择的选项，用户根据需要选定其中的一项或多项。当某一项被选中后，其左边的方框中就出现√，如图 4-9 所示。

可以同时使多个复选框处于选中状态，进行多种情况的组合。

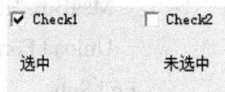

图 4-9　复选框

1．复选框的属性

复选框主要的属性如下。

（1）Caption 属性。

该属性用于设置复选框控件的标题内容。复选框标题一般显示在其右边，以表明此复选框的功能。

（2）Value 属性。

该属性指定复选框所处的状态。

0——Unchecked：未选中状态。

1——Checked：选中状态，运行时呈现"√"状态。

2——Grayed：禁用状态。

2．复选框的事件

复选框常用的事件是 Click，该事件当用户在一个复选框上单击鼠标时发生，其用法与单选按钮的 Click 事件相同。

【例 4.4】　利用一组复选框实现爱好的选择。选好后通过输出框输出选择的结果。

其操作步骤如下。

（1）在窗体中添加如图 4-10 所示的 4 个复选框、1 个标签和 1 个按钮控件。

（2）编写代码如下。

图 4-10　例 4.4 设计界面

```
Dim txt As String
Dim txt1 As String
Dim txt2 As String
Dim txt3 As String
Private Sub Check1_Click()
    If Check1.Value = 1 Then txt = "体育活动"
End Sub
```

```
Private Sub Check2_Click()
    If Check2.Value = 1 Then txt1 = "音乐 "
End Sub
Private Sub Check3_Click()
    If Check3.Value = 1 Then txt2 = "购物 "
End Sub
Private Sub Check4_Click()
    If Check4.Value = 1 Then txt3 = "其他 "
End Sub
Private Sub Command1_Click()
    MsgBox "你的爱好是: " & txt & txt1 & txt2 & txt3
    Unload Form1
End Sub
```

图 4-11　例 4.4 运行效果

（3）运行工程，勾选好相关选项后单击"确定"按钮，效果如图 4-11 所示。

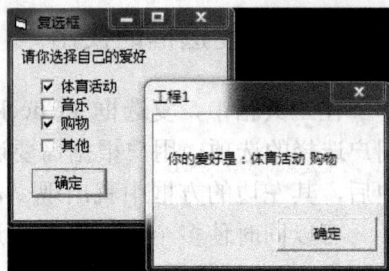

> 只有 txt、txt1、txt2、txt3 定义为窗体级变量才能被窗体里所有过程所引用，有关变量的作用域具体讲解参见第 7 章。

4.2.3　框架的使用

在工具箱中，框架（Frame）的图标是 。框架控件是一个容器。框架的作用是能够把其他控件组织在一起形成控件组，将具有联系的一类控件单独分成一组放置。这样，当框架移动、隐藏时，在其内的控件组也随之相应移动、隐藏。

1．框架的属性

框架主要的属性有 Caption 属性。

该属性设置框架上的标题名称。

> 如果 Caption 为空字符串，则框架为封闭的矩形框，但是框架中的控件仍然和单纯用矩形框的控件不同。

2．框架的事件

框架可以响应 Click 和 DblClick 事件，但一般情况不需要编写事件过程。

3．使用框架的注意事项

（1）要先在窗体上绘制框架，再在框架内部绘制控件。

（2）如果希望将窗体上已经存在的控件放置到框架内部，可以先把它们全部选中，再剪切到剪贴板上，然后再选定框架，使用粘贴将它们粘贴到框架内部。

（3）需要选择框架内部的多个控件时，必须先按住 Ctrl 键，再框选多个控件，然后松开鼠标，范围内的多个控件即可全部选中。

【例 4.5】 利用框架控件对单选按钮和复选框进行分组，美化界面，如图 4-12 所示。

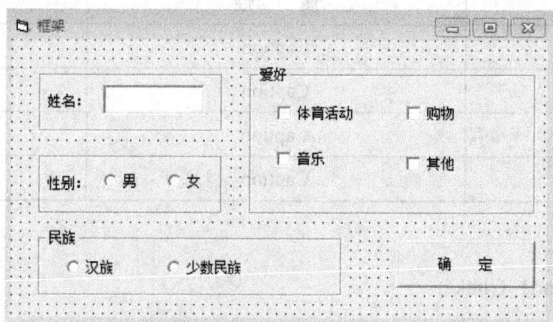

图 4-12 例 4.5 界面设计

4.2.4 课堂实例 2——字体设置 1

【实例学习目标】

本程序要求可以选择字体的大小、字体、字型效果并可改变颜色。通过这个实例，重点介绍了单选按钮、复选框和框架控件的特点和属性，以及使用的方法。

程序运行界面如图 4-13 所示。

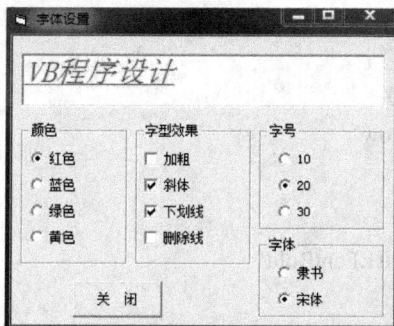

图 4-13 课堂实例 2 的运行界面

【实例程序实现】

（1）属性设置如表 4-2 所示。

表 4-2 课堂实例 2 的对象属性设置

对　　象	属　　性	设　　置
Form1	Caption	字体设置
Command1	Caption	关闭
Text	Text	空
Option1—Option4	Caption	红色、蓝色、绿色、黄色
Frame1	Caption	颜色
Check1—Check4	Caption	加粗、斜体、下划线、删除线
Frame2	Caption	字型效果

续表

对　象	属　性	设　置
Option5～Option7	Caption	10、20、30
Frame3	Caption	字号
Option8～Option9	Caption	隶书、宋体
Frame3	Caption	字体

（2）输入代码程序。

```
Private Sub command1_Click()
    End
End Sub
Private Sub Option1_Click()
    Text1.ForeColor = vbRed
End Sub
Private Sub Option2_Click()
    Text1.ForeColor = vbBlue
End Sub
Private Sub Option3_Click()
    Text1.ForeColor = vbGreen
End Sub
Private Sub Option4_Click()
    Text1.ForeColor = vbYellow
End Sub
Private Sub Check1_Click()
    Text1.FontBold = Not Text1.FontBold
End Sub
Private Sub Check2_Click()
    Text1.FontItalic = Not Text1.FontItalic
End Sub
Private Sub Check3_Click()
    Text1.FontUnderline = Not Text1.FontUnderline
End Sub
Private Sub Check4_Click()
    Text1.FontStrikethru = Not Text1.FontStrikethru
End Sub
Private Sub Option5_Click()
    Text1.FontSize = 10
End Sub
Private Sub Option6_Click()
```

```
    Text1.FontSize = 20
End Sub
Private Sub Option7_Click()
    Text1.FontSize = 30
End Sub
Private Sub Option8_Click()
    Text1.FontName = "隶书"
End Sub
Private Sub Option9_Click()
    Text1.FontName = "宋体"
End Sub
```

为了简单起见，只显示了 2 种字体和 3 种字号。

4.3 列表框和组合框

任务 3：掌握列表框和组合框的属性、事件和方法。利用组合框和列表框实现模拟演示对字体格式设置的实用程序。

单选按钮和复选框可以解决单选和多选操作，但是在可选项比较多时，用户界面就会显得非常混乱，降低界面的利用率，此时可以使用列表框和组合框来解决此类问题。列表框和组合框以可视化形式直观显示其项目列表。

4.3.1 列表框的使用

在工具箱中，列表框（ListBox）的图标是 ▤。列表框将一系列的选项组合成一个列表，用户可以选择其中的一个或几个选项，但不能向列表清单中输入项目或修改其内容。如果有较多的选项，超出列表框区域而不能一次全部显示时，会自动加上滚动条。

1. 列表框的属性

列表框的主要属性如下。

（1）List 属性。

该属性是列表框的最重要的属性之一，其作用是罗列或设置列表项中的内容。如图 4-14 所示，可以在界面设置设计状态时直接输入内容，输入时用 Ctrl+Enter 快捷键换行。

List 属性可以用来访问列表的全部列表项，它是以数组形式存

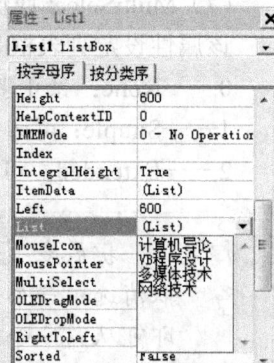

图 4-14 设置列表框项目

在的。在列表中，每一项都是 List 属性的一个元素，所以，通过 List 属性可以实现对列表框

中每一列表项的单独操作。例如，将列表框的 List1 第 2 项内容设置为"计算机原理"：
List1.list(1)="计算机原理"。

第一个元素序号为 0。

（2）ListCount 属性。

该属性表示列表框中列表项的数量，其值为整数。第一个列表项序号为 0，最后一个列表项序号为 ListCount-1。该属性只能在程序中设置或引用。

例如，图 4-14 所示的列表框，List1. ListCount=4。

（3）ListIndex 属性。

该属性用来表示执行时选中的列表项序号。如果没选中任何项，则 ListIndex 的值为-1。该属性只能在程序中设置或引用。

（4）Selected 属性。

该属性是一个逻辑数组，其元素对应列表框中相应的选项，表示对应的列表项在程序运行期间是否被选中。选中时，值为 True；未被选中，值为 False。用下面的语句可以选择指定的列表项或取消已选择的列表项：

    <列表框>.Selected(序号)=True/False

（5）Sorted 属性。

该属性决定在程序运行期间列表框中的项目是否进行排序。如果其值为 True，则项目按字母顺序排列显示；如果其值为 False，则项目按加入先后顺序排列显示。该属性只能在设计时设置。

（6）Text 属性。

该属性为被选定项目的文本内容。

List（ListIndex）等于 Text。

（7）MultiSelect 属性。

该属性设定列表框是否允许多选。

0——None：禁止多项选择。

1——Simple：可选择多个选项，用鼠标单击（或按空格键）来选中或取消选中一个选项。

2——Extended：可扩展多项选择。

扩展多项选择就是按住 Ctrl 键，同时用鼠标单击（或按空格键）来选中或取消选中一个选项。按住 Shift 键同时单击鼠标，或者按住 Shift 键并移动光标键，即可从前一个选中的选项扩展到选中当前的多个连续选项。

（8）Style 属性。

该属性用于确定列表框的外观，只能在设计时确定。为 0 时为标准列表框，为 1 时为复选列表框，如图 4-15 所示。

2．列表框的事件

列表框主要接收的事件为 Click 和 DblClick 事件。

3．列表框的方法

列表框常用的方法有如下 3 种。

（1）AddItem 方法。

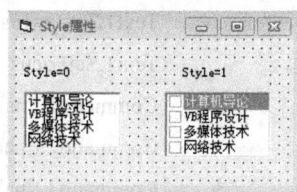
图 4-15 列表框的 Style 属性

该方法用于在程序代码中为列表框添加一个选项。格式为：<列表框>.AddItem <选项内容字符串>[，索引值]。

其中："选项内容字符串"是要加入列表框的项目。"索引值"决定新增选项在列表框中的位置，原位置的项目依次后移；如果省略，则新增项目添加到最后。对于第一个项目，索引值为 0。

例如，List1.AddItem "操作系统"，即在列表框 List1 的最后添加一个选项"操作系统"。

（2）RemoveItem 方法。

该方法从列表框中删除由索引值指定的项目。格式为：<列表框>.RemoveItem <索引值>。

例如，List1.RemoveItem 4，即将索引值或序号为 4 的第三项删除。

（3）Clear 方法。

该方法清除列表框所有项目的内容，而且 ListCount 属性的值重新被设置为 0。格式为：<列表框>.Clear。

例如，List1.Clear，即删除列表框 List1 的全部选项。

【例 4.6】 设计一个程序，对课程列表进行添加、删除、修改。

其操作步骤如下。

（1）在窗体中添加如图 4-16 所示的 4 个按钮、一个列表框，一个标签用来显示提示和一个文本框用来添加内容和修改内容时显示信息。

（2）编写程序代码如下。

图 4-16 例 4.6 设计界面

```
Sub Form_Load()
    List1.AddItem "计算机导论"
    List1.AddItem "VB 程序设计"
    List1.AddItem "操作系统"
    List1.AddItem "多媒体技术"
    List1.AddItem "网络技术"
    Command4.Enabled = False
End Sub
Sub Command1_Click()
    List1.AddItem Text1.Text
    Text1.Text = ""
End Sub
Sub Command2_Click()
    List1.RemoveItem List1.ListIndex        '将选中的某一项从列表框中移除
End Sub
Sub Command3_Click()
```

```
        Text1.Text = List1.Text                    '将选定的选项送文本框供修改
        Text1.SetFocus
        Command1.Enabled = False
        Command2.Enabled = False
        Command3.Enabled = False
        Command4.Enabled = True
    End Sub
    Sub Command4_Click()
        List1.List(List1.ListIndex) = Text1 '将修改后的选项送回列表框替换原项目，实现修改
        Command4.Enabled = False
        Command1.Enabled = True
        Command2.Enabled = True
        Command3.Enabled = True
        Text1 = ""
    End Sub
```

（3）运行工程，效果如图 4-17 所示。

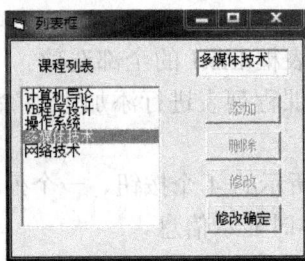

图 4-17　例 4.6 运行界面

4.3.2　组合框的使用

在工具箱中，组合框（ComboBox）的图标是◷。组合框用于将文本框和列表框的功能结合在一起，既允许用户直接输入文本，也允许用户通过列表进行选择。

1．组合框的属性

大多数列表框控件的属性适合于组合框控件，组合框另外的主要属性如下。

（1）Style 属性。

用于设置组合框的外表样式。该属性有 3 个取值，效果如图 4-18 所示。

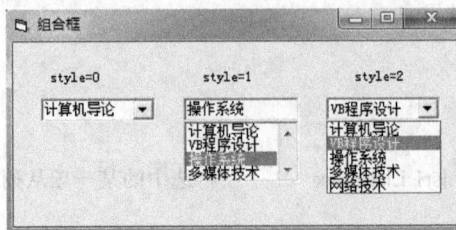

图 4-18　组合框的 Style 属性

0——Dropdown Combo：下拉式组合框。

1——Simple Combo：简单组合框。

2——Dropdown List：下拉式列表框。

> **注意** 　　如果想让用户能够输入项目，应将组合框的 Style 属性设置成 0 或 1，如果只想让用户对已有项目进行选择，应将组合框的 Style 属性设置成 2。

（2）Text 属性。

用于获取组合框内列表中的当前选项或者文本编辑区的内容，也可以直接从编辑区输入文本。

2．组合框的事件

组合框所能响应的事件取决于组合框的 Style 属性。不同样式的组合框所能响应的事件会有所不同。

3．组合框的方法

组合框常用的方法与列表框相同。

【例 4.7】 编写一个将文本框的内容添加到组合框的程序。

其操作步骤如下。

（1）在窗体中添加如图 4-19 所示的组合框、文本框、按钮。

（2）编写程序代码如下。

```
Private Sub Command1_Click()
    Combo1.AddItem Text1.Text
    Text1.Text = ""
End Sub
```

（3）运行工程，效果如图 4-20 所示。

图 4-19　例 4.7 设计界面　　　　　　　　图 4-20　例 4.7 运行界面

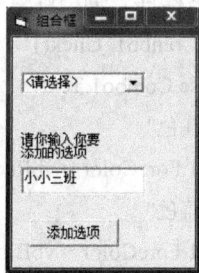

4.3.3　课堂实例 3——字体设置 2

【实例学习目标】

"字体设置（另一种实现）"程序，要求可以在"颜色"组合框、"字型效果"组合框、字号单选按钮和字体列表框中选择所需，文本框中的文字会根据选择随时做出相应的改变。通过这个实例，理解列表框和组合框的使用方法。

程序运行界面如图 4-21 所示。

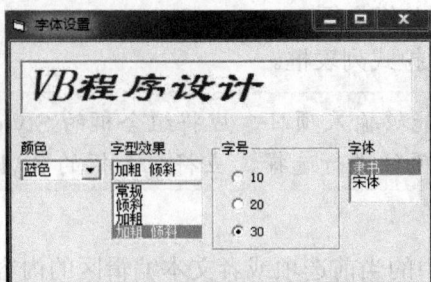

图 4-21　课堂实例 3 的运行界面

【实例程序实现】

（1）属性设置如表 4-3 所示。

表 4-3　　　　　　　　　　　　　课堂实例 3 的对象属性设置

对　　象	属　　性	设　　置
Form1	Caption	字体设置
Text	Text	空
Label1	Caption	颜色
Combo1	Text	蓝色
Label2	Caption	字型效果
Combo2	Style	1-Simple Combo
Option1—Option3	Caption	10、20、30
Frame1	Caption	字号
Label3	Caption	字体

（2）输入代码程序，如下：

```
Private Sub Combo1_Click()
    Select Case Combo1.Text                '改变颜色
        Case "红色"
            Text1.ForeColor = vbRed
        Case "蓝色"
            Text1.ForeColor = vbBlue
        Case "绿色"
            Text1.ForeColor = vbGreen
        Case "黄色"
            Text1.ForeColor = vbYellow
    End Select
End Sub
Private Sub Combo2_Click()
    Select Case Combo2.Text                '判断字型
        Case "常规"
```

```
        Text1.FontBold = False
        Text1.FontItalic = False
    Case "倾斜"
        Text1.FontBold = False
        Text1.FontItalic = True
    Case "加粗"
        Text1.FontBold = True
        Text1.FontItalic = False
    Case "加粗  倾斜"
        Text1.FontBold = True
        Text1.FontItalic = True
    End Select
End Sub
Private Sub Option1_Click()
    Text1.FontSize = 10
End Sub
Private Sub Option2_Click()
    Text1.FontSize = 20
End Sub
Private Sub Option3_Click()
    Text1.FontSize = 30
End Sub
Private Sub List1_Click()
    Text1.FontName = List1.List(List1.ListIndex)    '根据列表框选择字体
End Sub
Private Sub Form_Load()
    Combo1.AddItem "红色"          '初始化组合框的列表
    Combo1.AddItem "蓝色"
    Combo1.AddItem "绿色"
    Combo1.AddItem "黄色"
    Combo2.AddItem "常规"
    Combo2.AddItem "倾斜"
    Combo2.AddItem "加粗"
    Combo2.AddItem "加粗  倾斜"
End Sub
```

说明　该实例仅简单模拟演示对字体格式的设置。在组合框的文本框中输入颜色也可改变字体的颜色。

4.4 滚 动 条

任务 4：掌握滚动条的功能和相关事件，学会将滚动条作为辅助控件的使用，以及输入的情形。

在 VB 中很多控件本身就自带了滚动条，如文本框、组合框等。滚动条（ScrollBar）用于给自身不具备滚动条的控件提供滚动功能，通常用于附在窗体上协助观察数据或确定位置，也可用来作为数据的输入工具，有垂直的（VScrollBar）图标和水平（HScrollBar）图标两种，这两种滚动条除了滚动的方向不同外，结构和操作方式完全相同。

4.4.1 滚动条的结构

滚动条的两端各有一个滚动箭头，在滚动箭头之间有一个滑块。滑块可以在两个滚动箭头之间移动，滚动条的值从左到右（从上到下）递增，两端分别是滚动条的最大值和最小值，其值均为整数，取值范围为−32768～+32767，如图 4-22 所示。

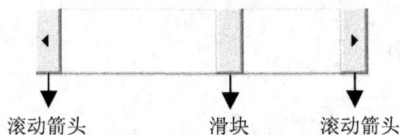

图 4-22　滚动条的结构

4.4.2 滚动条的属性

滚动条的主要属性介绍如下。

（1）Value 属性。

该属性是滚动条的最重要的属性之一，表示滑块在滚动条上的当前位置，默认值为 0。可以在属性窗口中修改它的值，或者在程序中用代码设置它的值，可以移动滑块到相应的位置。

> 不能把 Value 的属性值设置在 Min 和 Max 范围之外。

（2）Min 属性和 Max 属性。

Min 属性是滑块处于最小位置时所代表的值，Max 属性是滑块处于最大位置时所代表的值，一般习惯设置 Max>Min。

（3）SmallChange 属性和 LargeChange 属性。

SmallChange 属性是单击滚动条两端的滚动箭头时，Value 属性增加或减小的数值。LargeChange 属性是单击滚动条上的滑块时，滑块向某个方向移动的数值。

4.4.3 滚动条的事件

（1）Scroll 事件。

当在滚动条内拖动滚动滑块时触发该事件。

（2）Change 事件。

当滚动滑块移动后或通过代码改变 Value 的值时触发该事件。

【例 4.8】 设计改变字体大小和字体的程序。字体大小由水平滚动条获得，字体由垂直滚动条获得。

其操作步骤如下。

（1）在窗体中添加如图 4-23 所示的标签、垂直滚动条、水平滚动条。

（2）编写程序代码如下。

```
Private Sub HScroll1_Change()
    Label1.FontSize = HScroll1.Value
End Sub
Private Sub VScroll1_Change()
    Select Case VScroll1.Value
    Case 1
        Label1.Font = "宋体"
    Case 2
        Label1.Font = "黑体"
    Case 3
        Label1.Font = "仿宋"
    Case 4
        Label1.Font = "隶书"
    End Select
End Sub
```

图 4-23 例 4.8 设计界面

（3）运行程序，如图 4-24 所示。

图 4-24 例 4.8 运行界面

4.4.4 课堂实例 4——调色板

【实例学习目标】

"调色板"程序，要求使用一组 3 个滚动条作为 3 种基本颜色的输入工具，合成的颜色用于调整文本框的前景色。另有一个水平滚动条用于调整文本框的字号大小。调整滚动条的数值，文本框中的文本的前景色和字号大小会发生相应的变化。通过这个实例，重点介绍了滚动条控件的常用属性和事件，以及使用滚动条控件的基本方法。

程序运行界面如图 4-25 所示。

图 4-25 课堂实例 4 的运行界面

【实例程序实现】

（1）属性设置如表 4-4 所示。

表 4-4   课堂实例 4 的对象属性设置

对　　象	属　　性	设　　置
Form1	Caption	调色板
Text1	Text	空
Frame1	Caption	前景色
Label1—Label3	Caption	R、G、B
HSb1—HSb3	Max	255
	Min	0
	SmallChange	1
	LargeChange	5
Frame2	Caption	字号大小
HSb4	Max	72
	Min	1
	SmallChange	1
	LargeChange	5

（2）输入代码程序，各事件过程如下。

```
Dim r As Long, g As Long, b As Long
Private Sub Form_Load()
    HSb4.Value = 20
    Text1.FontSize = HSb4.Value
End Sub
Private Sub HSb1_Change()
    r = HSb1.Value
    g = HSb2.Value
```

```
    b = HSb3.Value
    Text1.ForeColor = RGB(r, g, b)
End Sub
Private Sub HSb2_Change()
    r = HSb1.Value
    g = HSb2.Value
    b = HSb3.Value
    Text1.ForeColor = RGB(r, g, b)
End Sub
Private Sub HSb3_Change()
    r = HSb1.Value
    g = HSb2.Value
    b = HSb3.Value
    Text1.ForeColor = RGB(r, g, b)
End Sub
Private Sub HSb4_Change()
    Text1.FontSize = HSb4.Value
End Sub
```

说明

该实例的程序代码有很多是重复的,改进的编程代码要等学过第 6 章控件数组以后。

4.5 计 时 器

任务 5:了解计时器控件的实用性,掌握计时器控件的事件,学会使用计时器控件设置时钟、倒计时等。

计时器(Timer)控件可以每隔一个时间间隔触发一个计时器事件。在工具箱中,计时器控件的图标是 。在设计时显示该图标,在运行时它是不可见的。

4.5.1 计时器的属性

(1) Enabled 属性。

该属性决定计时器是否开始计时,为 True(默认)时,计时器开始工作,为 False 时暂停工作。

(2) Interval 属性。

该属性设置两个计时器事件之间的时间间隔,以毫秒为单位,设置范围是 0～65535ms,因此,最大的时间间隔不能超过 65s。默认值为 0。如果希望每 0.5s 产生一个 Timer 事件,那么 Interval 属性应设为 500。这样,每隔 500ms 发生一个 Timer 事件,从而执行相应的 Timer

事件过程。如果 Interval 属性为 0，定时器不产生 Timer 事件。

> 定时器产生 Timer 事件的两个前提条件是：Enabled 属性为 True，Interval 属性为非 0。

4.5.2 计时器的事件

计时器只有 Timer 事件，每当经过一个 Interval 指定的时间间隔，就触发一次 Timer 事件。

【例 4.9】 显示系统时钟。

其操作步骤如下。

（1）在窗体中添加标签和计时器控件。其中计时器控件的 Enaled 属性设为 True，Interval 属性设为 1000。这样每隔一秒钟触发一次事件来显示系统时钟。

（2）代码如下。

```
Private Sub Timer1_Timer()
    Label2.Caption = Time
End Sub
```

（3）运行显示如图 4-26 所示。

图 4-26 例 4.9 运行界面

思考与练习

1．框架的作用是什么？如何在框架中创建控件？
2．如果要让定时器每 30s 产生一个 Timer 事件，则 Interval 属性应设置为多少？
3．滚动条的 Scroll 事件和 Change 事件有什么区别？
4．简述列表框和组合框的异同处。
5．何种情况下必须使用图片框控件？

【课外实践与拓展】

1．设计一个程序，查询从扬州开往全国各大城市的火车车次。程序运行后，用户从列表框中选择一个城市，然后单击"选择完毕"按钮，显示出从扬州出发到其他城市的车次。
2．参照课堂实例 2 和课堂实例 3，编写一个使用屏幕字体、字号的程序。
3．给课堂实例 4 的调色板程序再添加上设置背景颜色。
4．利用计时器控件制作一个图片自动播放器。有 6 张相同尺寸的图片，循环显示这些图片。加载图片可以利用图像框控件。

第 5 章　程序控制结构

【学习导航】

学习目标	知识要点	能力要求
顺序结构	顺序结构的基本语法	掌握顺序结构的基本语法和使用技巧
选择结构与 多分支结构	If 条件语句 和 Select Case 语句	能正确且熟练地使用选择结构进行程序设计
循环结构	For 循环、While 循环和 Do 循环	能够正确且熟练地选择几种循环结构设计程序

【教学重点】

选择结构、循环结构。

【学习任务】

本章的主要任务描述如下。

➢ 　了解程序设计的 3 种基本结构。

➢ 　掌握 3 种基本结构的基本语法和使用技巧，并能够熟练使用。

➢ 　利用 3 种基本结构编写简单的、可视化界面良好的小程序，了解程序的执行过程。

5.1　顺序结构

任务 1：了解顺序结构的基本语法和使用技巧，并能设计和编写简单的程序代码。实现一个画同心圆的小程序。

Bohm 和 Jacopini 两位计算机科学家于 1966 年提出程序有 3 种基本结构：顺序结构、选择结构和循环结构，这 3 种基本结构都具有只有一个入口和一个出口的特点。Visual Basic 虽然采用的是面向对象的编程方式，采用事件驱动，但对于具体的过程本身，仍然要用到结构化程序设计的方法，用控制结构来控制程序执行的流程。

5.1.1　顺序结构程序设计

一个程序通常可以分为 3 大步骤：输入、处理和输出。

顺序结构是最简单的一种结构，它是一种线性结构，该结构按语句排列的先后顺序执行。顺序结构是任何程序的基本结构，它将计算机要执行的各种处理依次排列起来。程序运行后，便自左向右、自顶向下的按顺序执行这些语句，直到执行完所有语句行。

顺序结构流程图如图 5-1 所示。

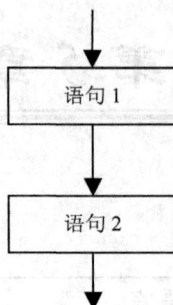

图 5-1　顺序结构流程图

5.1.2　课堂实例 1——画同心圆

【实例学习目标】

通过这个简单的实例，重点掌握顺序结构的执行顺序。

课堂实例 1 的运行界面如图 5-2 所示。

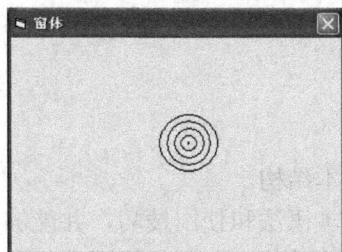

图 5-2　课堂实例 1 的运行界面

【实例程序实现】

（1）属性设置如表 5-1 所示。

表 5-1　　　　　　　　　　　　　　　课堂实例 1 的对象属性设置

对　　象	属　　性	设　　置
Form1	Caption	窗体
	MaxButton	False
	MinButton	False

（2）输入代码程序。

鼠标双击窗体，调出"代码"窗口，在"代码"窗口中输入以下代码：

```
Private Sub Form_Click()
n = Val(InputBox("输入第一个圆的半径"))
```

```
Circle (2500, 1500), n
Circle (2500, 1500), n + 100
Circle (2500, 1500), n + 200
Circle (2500, 1500), n + 300
Circle (2500, 1500), n + 400
End Sub
```

5.2　选择结构与多分支结构

任务 2：利用单分支选择结构与多分支结构编写简单的、可视化界面良好的小程序，了解程序的调试。实现进行一元二次方程求解和成绩评语的程序。

在实际工作中，我们常常遇到这类问题：需要根据不同的情况采用不同的处理方法。也就是说，需要根据某个条件是否成立，来决定下一步应该做什么。在这种情况下，程序不再按照线性的顺序来执行各行语句，而是根据给定的条件来决定选取哪条路径，执行什么语句。这就是选择结构。

在 VB 中，实现选择结构的语句有 If 条件语句、Select Case 语句等。其中 If 条件语句又分成了多种形式：单分支条件语句、双分支条件语句、多分支条件语句。

5.2.1　单分支选择结构程序设计

单分支条件语句只有一个分支，可以根据条件选择执行或不执行语句。

1. 格式

格式一：If 条件表达式 Then 语句

格式二：If 条件表达式 Then

　　　　语句块

　　　End If

2. 功能

其中，条件表达式可以是关系表达式、逻辑表达式和数值表达式，当条件成立（值为 True）时，执行 Then 关键字后面的语句或语句块，条件不成立（值为 False）时，不执行任何操作。流程图如图 5-3 所示。

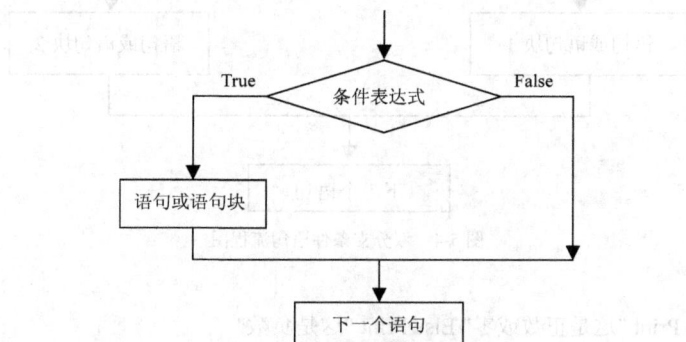

图 5-3　单分支条件语句流程图

3．举例

```
If x>0 Then Print "这是正数"
If x>y Then
    Max=x
    Min=y
End If
```

> ➢ 语句中的语句可以有多条，各条之间应用冒号分隔。
> ➢ If…Then 语句的单行格式不用 End If 语句。如果要执行多行语句，则使用 If…Then… End If 格式。
> ➢ 当条件表达式为数值表达式时，为 0 的数值被认为 False，而任何非零数值都被看做 True。

5.2.2 双分支选择结构程序设计

双分支条件语句有两个分支，可以根据条件决定执行哪一个分支。

1．格式

格式一：If 条件表达式 Then 语句 1 Else 语句 2

格式二：If 条件表达式 Then
　　　　语句块 1
　　　Else
　　　　语句块 2
　　　End If

2．功能

当条件表达式成立（值为 True）时，执行 Then 关键字后面的语句或语句块，条件不成立（值为 False）时，执行 Else 关键字后面的语句或语句块。双分支条件语句流程图如图 5-4 所示。

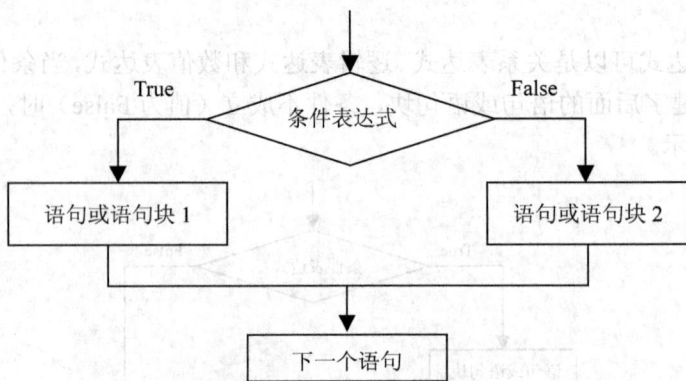

图 5-4　双分支条件语句流程图

3．举例

```
If x>=0 Then Print "这是正数或零" Else Print "这是负数"
If x>=0 Then
```

```
    Print "这是正数或零"
Else
    Print "这是负数"
End If
```

5.2.3　课堂实例 2——一元二次方程的解

【实例学习目标】

"一元二次方程的解"程序，由键盘输入 A、B、C 3 个数，求一元二次方程 $AX^2+BX+C=0$ 的根。通过这个实例，对双分支选择结构有个全面的了解，并能学会编写双分支选择结构的小程序。课堂实例 2 的运行界面如图 5-5 所示。

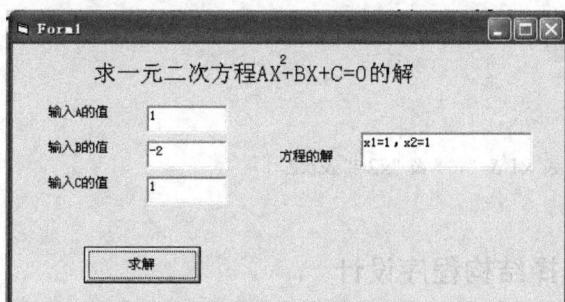

图 5-5　课堂实例 2 的运行界面

【实例程序实现】

（1）窗体设计。

在窗体上放置 5 个 Label 控件、4 个 TextBox 控件和一个 CommandButton 控件。

（2）属性设置如表 5-2 所示。

表 5-2　　　　　　　　　　　　课堂实例 2 的对象属性设置

对　　象	属　　性	设　　置
Label1	Caption	求一元二次方程 $AX^2+BX+C=0$
	Font	宋体、三号
Label2	Caption	输入 A 的值
Label3	Caption	输入 B 的值
Label4	Caption	输入 C 的值
Label5	Caption	方程的解
Command1	Caption	求解
TextBox1	Text	空
TextBox2	Text	空
TextBox3	Text	空
TextBox4	Text	空

（3）输入代码程序。

```
Private Sub Command1_Click()
Dim a As Single, b As Single, c As Single, x1 As Single, x2 As Single, d As Single
a = Val(Text1.Text)
b = Val(Text2.Text)
c = Val(Text3.Text)
d = b ^ 2 - 4 * a * c
If d < 0 Then MsgBox "方程没有实根"
If d > 0 Then
    x1 = (-b + Sqr(d)) / (2 * a)
    x2 = (-b - Sqr(d)) / (2 * a)
Else
    x1 = (-b / 2 * a)
    x2 = x1
End If
Text4.Text = "x1=" & x1 & "，" & "x2=" & x2
End Sub
```

5.2.4　多分支选择结构程序设计

无论是单分支选择结构还是双分支选择结构，都只有一个条件表达式，只能根据一个条件进行判断，如果程序需要根据多个条件进行判断时，就需要使用多分支选择结构来进行设计。

多分支选择结构可以用 If…Then…ElseIf 语句和 Select Case 语句实现。

1．If…Then…ElseIf 语句

该语句的格式如下：

```
If  条件表达式 1 Then
        语句块 1
ElseIf  条件表达式 2 Then
        语句块 2
…
[ Else
        语句块 n
End If
```

当程序运行到 If 语句，首先判断条件表达式 1 的值，如果值为 True，则执行语句块 1；如果值为 False，则再判断条件表达式 2 的值，如果值为 True，则执行语句块 2；依此类推，直到找到一个为 True 的条件时，执行其后面的语句块。如果所有条件表达式的值都不为 True，则程序执行关键字 Else 后的语句块 n。无论执行哪个语句块，执行完后都从 End If 后面的语句继续执行。

Else If 子句的数量没有限制。可以使用任意数量，也可以一个也不用。

例如，

If x<1 Then

　　Text1.Text="这是小于 1 的数"

ElseIf x<=10 Then

　　Text1.Text="这是 1 到 10 之间的数"

Else

　　Text1.Text="这是大于 10 的数"

End If

2．If 语句的嵌套

If 语句还可以通过基本形式的复合，组织多分支条件结构，我们称之为 If 语句的嵌套。一般形式如图 5-6 所示。

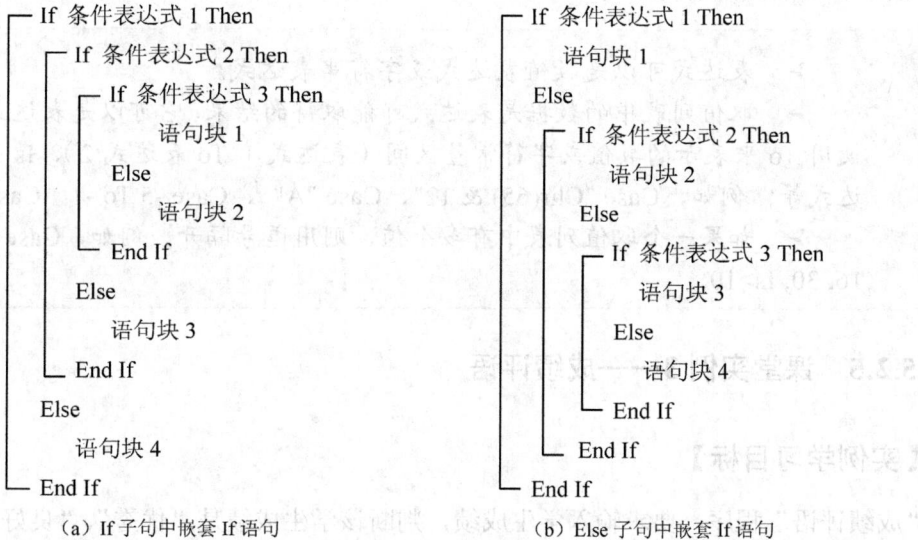

（a）If 子句中嵌套 If 语句　　　　　　　　（b）Else 子句中嵌套 If 语句

图 5-6　If 语句的嵌套

> 当嵌套层数比较多时，应注意嵌套的正确性。一般的原则是：每个 Else 都应与它前面的未曾被配对的 If…Then 配对。

3．Select Case 语句

虽然利用 If 语句可以实现多分支条件结构的设计，但是如果嵌套层次太多或者条件表达式的条件相同而值并不相同时，使用起来就会很不方便，VB 提供了 Select Case 语句，对于多条件选择的情况，Select Case 语句更加清晰、易读。

Select Case 语句的格式如下：

Select Case　表达式

　[Case　取值列表 1

　　[语句块 1]]

　[Case　取值列表 2

         [语句块 2]]

    …

    [Case 取值列表 *n*

        [语句块 *n*]]

    [Case Else

        [语句块 *n*+1]]

  End Select

Select Case 语句的执行过程如下：计算表达式的值，将表达式的值与每个 Case 关键字后面的取值列表中的数据和数据范围进行比较。如果相等，则执行该 Case 后面的语句块；如果没有一个值与之相匹配，则执行 Case Else 语句后面的语句块 *n*+1。执行完后，接着执行 End Select 后面的语句。如果不止一个 Case 后面的取值与表达式相匹配，则只执行第一个与表达式匹配的 Case 后面的语句序列。

> ➤ 表达式可以是数值表达式或字符串表达式。
>
> ➤ 取值列表中的数据是表达式可能取得的结果，它可以是表达式、枚举值、使用 To 来表示的数值或字符常量区间（表达式 1 To 表达式 2）、Is 关系运算表达式等；例如，Case "Chr(65) & 12"、Case "A"、Case -5 To -1、Case Is>=10。
>
> ➤ 如果一个取值列表中有多个值，则用逗号隔开。例如，Case "A" To "F", 16, 30, Is>10。

5.2.5 课堂实例 3——成绩评语

【实例学习目标】

"成绩评语"程序，要求输入学生成绩，判断该学生成绩是"优秀"、"良好"、"中等"、"及格"、"不及格"，成绩标准如下：60 分以下——不及格，大于等于 60 小于 70——及格，大于等于 70 小于 80——中等，大于等于 80 小于 90——良好，90 分及以上——优秀。

通过这个实例，对多分支选择结构有个全面的了解，并能学会编写几种多分支选择结构的小程序。

课堂实例 3 的设计与运行界面如图 5-7 所示。

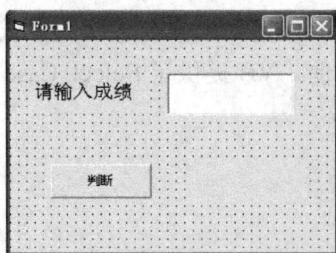
（a）设计界面

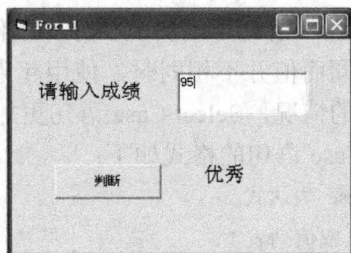
（b）运行界面

图 5-7　课堂实例 3 的设计界面和运行界面

【实例程序实现】

（1）窗体设计。

在窗体上放置两个 Label 控件、一个 TextBox 控件和一个 CommandButton 控件，如图 5-7 设计界面所示。

（2）属性设置如表 5-3 所示。

表 5-3　　　　　　　　　　　　课堂实例 3 的对象属性设置

对　象	属　性	设　置
Label1	Caption	请输入成绩
	Font	宋体、四号
Command1	Caption	判断
Label2	Caption	空
	Font	宋体、四号
TextBox1	Text	空

（3）输入代码程序。

```
Private Sub Command1_Click()
s = Val(Text1.Text)
Text1.SetFocus
If s >= 90 Then
    Label2.Caption = "优秀"
ElseIf s >= 80 Then
    Label2.Caption = "良好"
ElseIf s >= 70 Then
    Label2.Caption = "中等"
ElseIf s >= 60 Then
    Label2.Caption = "及格"
Else
    Label2.Caption = "不及格"
End If
End Sub
```

5.3　循　环　结　构

任务 3：掌握循环结构的基本语法，学会利用循环结构设计程序。实现整数求和、人口计算、猜素数以及打印九九乘法表的程序的编写。

在解决实际问题时，常常需要重复某些相同的操作，即反复多次地执行一组语句，比如求若干整数之和等，如果反复编写这一组语句会使程序变得庞大，可读性差。解决这类问题，我们需要使用循环结构。

循环是指在程序设计中，从某处开始有规律地反复执行一组语句块，我们把重复执行的这组语句称为"循环体"。使用循环结构可以简化程序，提高效率。

循环结构又分为当型循环结构和直到型循环结构，前者先进行条件判断，再执行循环体；后者是先执行循环体，再进行条件判断。

基本结构流程图如图 5-8 所示。

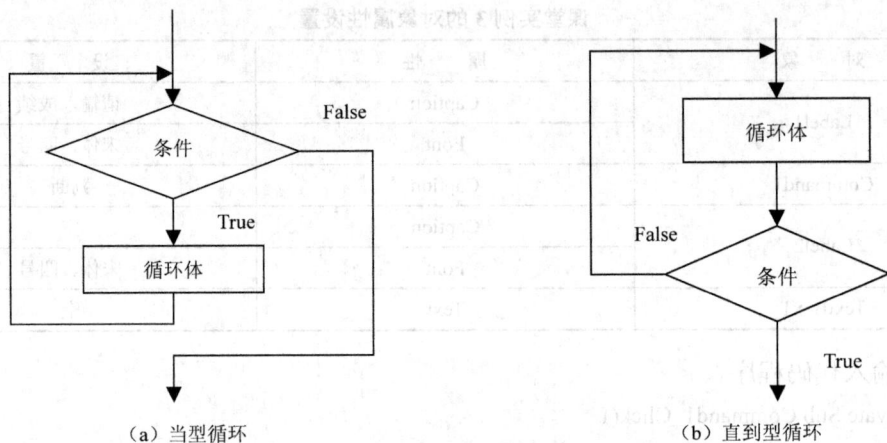

（a）当型循环　　　　　　　　　　　　　　　　　（b）直到型循环

图 5-8　循环结构流程图

VB 使用的循环结构有 For…Next、Do…Loop、While…Wend 等。

5.3.1　For 循环控制结构

For…Next 被称为计数循环，按规定的次数执行循环体。如果循环次数是已知的，使用 For…Next 循环很方便。

1．格式

For　循环变量 = 初值 To 终值 [Step　步长]

　　　　循环体

Next [循环变量]

2．功能

首先将初值赋给循环变量，接着检查循环变量的值，将它与终值进行比较，如果超出就停止执行循环体，跳出循环，执行 Next 下面的语句；如果循环变量的值没有超出终值，则执行循环体，然后将循环变量与步长值相加赋给循环变量，再重复上述过程。

> 这里的"超出"有两种含义，当步长为正值时，循环变量大于终值称为超出；若步长为负，则循环变量小于终值称为超出。

3．举例

For N = 1 To 3 Step 1

　　Print N

Next N

Print;

Print "N=";N

该程序运行后，执行 For 语句，循环变量 *N* 取值 1<3（终值），因步长为 1（正数），没有超出终值，则执行循环体——Print N，在窗体中第 1 行第 1 列显示循环变量 *N* 的值 1。

图 5-9　For...Next 循环的运行界面

执行 Next 语句，将变量 *N* 与步长值（1）相加，将结果 2 赋给 *N*，与终值 3 进行比较，没有超出终值，再次执行 Print N，在窗体第 2 行第 1 列显示循环变量的值 2。再执行 Next 时，变量 *N* 加步长值之后取值为 3，并没有超过终值 3，再次执行循环体，在窗体的第 3 行第 1 列显示 *N* 的值为 3，然后执行 Next 语句时，变量 *N* 加步长后的取值为 4，超出了终值，退出循环语句，执行 Next 语句下面的语句"Print；Print "N=";N"，在第 4 行第 1 列的位置显示 *N* 的值为 4，窗体显示如图 5-9 所示。

> ➤ 如果没有关键字 Step 和其后的步长值，则默认步长值为 1。
> ➤ 循环变量、初值、终值和步长值都必须为数值型，但不能是数组的数组元素。
> ➤ 可以在循环体中加入 Exit For 语句来随时跳出循环。

5.3.2　课堂实例 4——连续整数和

【实例学习目标】

"连续整数和"程序。利用 For...Next 语句求 1～n 个整数的和，即求 1+2+3+…+n 的值，通过这个实例，学会 For...Next 语句的使用语法和技巧。

课堂实例 4 的运行界面如图 5-10 所示。

【实例程序实现】

（1）窗体设计。

在窗体上放置一个 Label 控件、一个 TextBox 控件和一个 CommandButton 控件，如图 5-10 设计界面所示。

（2）属性设置如表 5-4 所示。

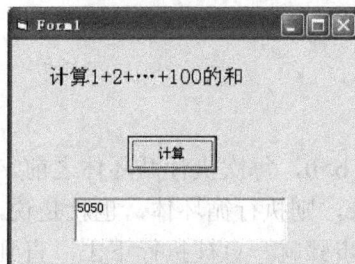

图 5-10　课堂实例 4 的运行界面

表 5-4　　　　　　　　　　　　课堂实例 5.4 的对象属性设置

对　　象	属　　性	设　　置
Label1	Caption	计算 1+2+…+100 的和
	Font	宋体、四号
Command1	Caption	计算
TextBox1	Text	空

（3）输入代码程序。

```
Private Sub Command1_Click()
Dim n As Integer, sum As Long
sum = 0    '给变量 sum 赋初值 0
For n = 1 To 100
    sum = sum + n
Next n
Text1.Text = sum
End Sub
```

5.3.3　当循环控制结构

前面我们介绍了 For…Next 循环，它适合于解决循环次数事先能确定的问题，对于只知道控制条件，却不能预先确定执行次数的循环，可以使用 While…Wend 循环。

1．格式

```
While  条件
    循环体
Wend
```

2．功能

当条件成立（即条件值为 True）时，重复执行循环体，否则转去执行 Wend 下面的语句。

> **说明**　执行 Wend 语句的作用是返回到 While 语句对条件进行判断。

3．举例

```
While b > 0
    c = c + a
    b = b - 1
Wend
```

上述程序通过重复做加法来计算 c = c + a，重复的条件是 b>0，每次执行循环体之前，都要按照 While 语句的条件（b>0）进行判断，如果结果为 True，则执行循环体，也就是说，只要条件为 True，则"判断，执行，判断，执行……"这样的步骤就一直被执行下去，直到条件为 False（b<=0）时才结束循环，转去执行 Wend 下面的语句。

> **注意**
> ➢ While 先对条件进行判断，然后才决定是否执行循环体，如果条件从一开始就不成立，则循环体一次也不执行。
> ➢ While 循环语句本身不能修改循环条件，所以必须在循环体内设置相应语句，使得整个循环趋于结束，以避免死循环。
> ➢ 凡是用 For…Next 循环编写的程序，都可以用 While…Wend 语句实现；反之则不然。

5.3.4 课堂实例 5——人口计算

【实例学习目标】

"人口计算"程序。假设我国现有人口为 12 亿，若年增长率为 1.5%，试计算多少年后我国人口增加到或超过 20 亿。通过这个实例，学会 While 循环的使用方法和技巧。

课堂实例 5 的运行界面如图 5-11 所示。

图 5-11　课堂实例 5 的运行界面

【实例程序实现】

（1）设 y 为人口初值，r 为年增长率，n 为年数。

（2）人口计算公式为：$p = y(1 + r)^n$。

（3）编写代码。

```
Private Sub Form_Click()
Dim p!, r!, i%
p = 12
r = 0.015
i = 0
While p < 20
    p = p * (1 + r)
    i = i + 1
Wend
Print i; "年后，我国人口将达到"; p; "亿"
End Sub
```

5.3.5 Do 循环控制结构

1．格式

Do…Loop 循环有两种格式。

（1）当型 Do…Loop 语句。

```
Do [ While | Until  循环条件  ]
    循环体
Loop
```

（2）直到型 Do…Loop 语句。

```
Do
    循环体
```

Loop [While | Until 循环条件]

2．功能

当指定的循环条件为 True 或直到指定的循环条件变为 True 之前重复执行循环体。

> ➤ 当型 Do…Loop 语句先判断，后执行，若条件不符，则可能一次也不执行循环体。
>
> ➤ 直到型 Do…Loop 语句先执行，后判断，即循环体至少执行一次。
>
> ➤ 在 Do…Loop 循环中，可以使用 Exit Do 语句强制退出循环。
>
> ➤ 关键字 While 用于指明条件成立时重复执行循环体，直到条件不成立时结束循环；而 Until 则正好相反，条件不成立时执行循环体，直到条件成立才退出循环。

3．举例

```
i = 1                          i = 1
Do While i < 0                 Do
    Print i,                       Print i,
    i = i + 1                      i = i + 1
Loop                           Loop While i < 0
```

上面这两段程序，左侧程序先判断 i<0 是否成立，因为 i=1 不满足 i<0 的条件，因此跳过循环体，执行 Loop 下面的语句，也就是循环体一次也没有执行；而右侧程序虽然 i=1 同样不符合循环的条件，但因为先执行后判断，所以仍然执行了一次循环体，输出了 i 的值。

5.3.6 课堂实例 6——猜素数

【实例学习目标】

"猜素数"程序，输入一个正整数，判断该正整数是否为素数。通过这个实例，重点了解 Do…Loop 语句的使用方法和技巧。

课堂实例 6 的运行界面如图 5-12 所示。

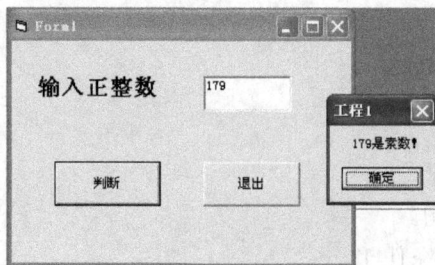

图 5-12 课堂实例 6 的运行界面

【实例程序实现】

（1）窗体设计。

在窗体上放置一个 Label 控件、一个 TextBox 控件和两个 CommandButton 控件，如图 5-12

所示。

（2）属性设置如表 5-5 所示。

表 5-5 课堂实例 5.6 的对象属性设置

对　象	属　性	设　置
Label1	Caption	输入正整数
	Font	宋体、三号、粗体
TextBox1	Name	TxtInput
	Text	空
CommandButton1	Name	CmdJudge
	Caption	判断
CommandButton2	Name	CmdExit
	Caption	退出

（3）输入代码程序。

```
Option Explicit
Dim i As Integer
Dim x As Integer

Private Sub CmdExit_Click()
End
End Sub

Private Sub CmdJudge_Click()
x = Val(TxtInput.Text)
If x = 2 Then
  MsgBox Str(x) & "是素数！"
Else
  i = 2
  Do While (x Mod i <> 0) And (i <= x − 1)
   i = i + 1
  Loop
  If i = x Then
    MsgBox Str(x) & "是素数！"
  Else
    MsgBox Str(x) & "不是素数！"
  End If
End If
End Sub
```

5.3.7　多重循环

在程序设计时，很多问题往往要用两个甚至多个循环才能解决，通常我们把循环体内不含循环语句的循环叫做单层循环，而把循环体内含有循环语句的循环称为多重循环或者循环的嵌套。例如，可以在 For…Next 语句中包含 For…Next 语句，也可以在 For…Next 语句中包含 While 循环，我们前面学过的 For 循环、While 循环、Do 循环都可以相互嵌套。

> （1）内、外循环的循环变量不能同名。
> （2）外循环必须完全包含内循环，不可以出现交叉现象。

5.3.8　课堂实例 7——九九乘法表

【实例学习目标】

"九九乘法表"程序，打印如图 5-13 所示呈下三角显示的九九乘法表。通过这个实例，重点了解多重循环的使用方法和技巧。

课堂实例 7 的运行界面如图 5-13 所示。

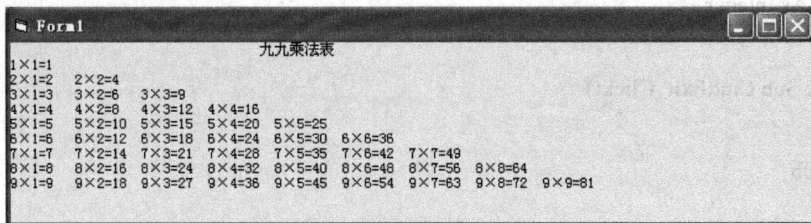

图 5-13　课堂实例 7 的运行界面

【实例程序实现】

打印九九乘法表，只要利用循环变量作为乘数和被乘数就可以方便地解决。

输入代码程序：

```
Private Sub Form_Click()
Dim i%, j%, str$
Print Tab(35); "九九乘法表"
For i = 1 To 9
  For j = 1 To i
    str = i & "×" & j & "=" & i * j
    Print Tab((j - 1) * 9 + 1); str;    '定位
  Next j
  Print    '换行
Next i
End Sub
```

思考与练习

1．If 语句在程序中起到了什么作用？

2．结构化程序设计的 3 种基本结构是什么？

3．如果事先不知道循环次数，用 For…Next 怎样实现？

4．分析 3 种循环控制语句之间的区别。

5．如何提前终止循环？

【课外实践与拓展】

1．给定三角形的 3 条边长，计算三角形的面积。编写程序，首先判断给出的 3 条边是否能构成三角形，如可以构成，则计算并输出该三角形的面积，否则要求重新输入。

2．某单位按如下方案分配住房：职称为高级，或者职称为副高级且工龄大于等于 20 年，分配四室两厅；职称为副高级且工龄小于 20 年，分配四室一厅；职称为中级且工龄大于等于 10 年，分配三室一厅；其余中级职称分配两室一厅。编程统计各类住房数和住房总数并显示输出。

3．从键盘上输入两个正整数，求最大公约数。

4．打印 Fibonacci 数列的前 20 项。该数列的第 1 项为 0，第 2 项为 1，从第 3 项开始，每项都是前两项的和。

5．验证哥德巴赫猜想：一个大偶数可以分解成为两个素数之和。试编程将 500～1000 的全部偶数表示为两个素数之和。

6．某学校有 3 名同学参加数学竞赛，共 10 道题，答对一道得 10 分，答错一道扣 3 分，这 3 名同学都回答了所有的题，小明得了 87 分，王丹得了 74 分，刘星得了 48 分，他们 3 人共答对了多少道题？

第 6 章　数组

【学习导航】

学习目标	知 识 要 点	能 力 要 求
数组	数组的概念及基本操作	熟练掌握数组的定义和结构，以及数组元素的赋值、输出和引用
动态数组	动态数组的使用	掌握动态数组的定义和使用，了解静态数组和动态数组的区别
控件数组	控件数组的概念和使用	学会建立和使用控件数组

【教学重点】

数组的概念及基本操作、静态数组、动态数组和控件数组的使用。

【学习任务】

本章的主要任务描述如下。

➢ 掌握数组的定义和结构，能熟练使用数组。

➢ 了解静态数组和动态数组的区别，掌握动态数组的定义及其基本操作，并能设计和编写动态数组应用的简单程序。

➢ 掌握控件数组的建立方法，能使用控件数组编写简单的、可视化界面良好的程序。

6.1　数组的概念

任务 1：熟练掌握数组的定义和数组的基本操作，能使用数组编写简单的应用程序。

迄今为止，我们介绍的都是简单变量，通过变量名来访问，各简单变量之间相互独立，没有内在的联系，这些简单变量在处理大量相关数据时会产生极大困难。例如，输入 100 个数，按从大到小或者从小到大的顺序输出。如使用简单变量来存放这 100 个数，那么对这些数据进行排序会变得十分困难。如果使用数组来存放这些数据，就会极大地简化程序的设计。

6.1.1　数组的定义

数组是一组具有相同名字、不同下标的有序变量的集合。数组名代表的是有内在联系的一组变量，其命名规则与简单变量命名规则一样。数组应当先定义后使用。

1．数组定义语句

声明数组的语法格式：

Public | Private | Dim | Static 数组名(维界定义)[As 数据类型]

其中 Public、Private、Dim、Static 是关键字。在 Visual Basic 中，可以使用这 4 个语句来定义数组，这 4 个语句格式相同，但适用范围不一样（见表 6-1）。

表 6-1 数组定义的作用域

语 句	适 用 范 围
Public	用于标准模块的声明阶段，定义公用（全局）数组
Private 和 Dim	用于模块的声明阶段，定义模块级数组
Dim	用在过程中，定义局部数组
Static	用在过程中，定义静态数组

其说明如下。

（1）数组必须"先声明，后使用"；一个数组的声明应包括数组名称、数组维数、数组大小、数组类型以及作用范围。在计算机中，数组占据一块连续的内存区域，数组名是这个区域的名称，区域的每个单元都有自己的地址，该地址用下标表示。定义数组的目的就是通知计算机为其留出所需要的空间。

例如，下面的数组说明语句出现在模块声明阶段：

Dim Score (1 To 100) As Integer

Dim Name (1 To 4) As String * 8

第一行数组说明语句表示定义一个具有 100 个元素的模块级一维整型数组 Score；第二行数组说明语句表示定义一个模块级的、一维的、具有 4 个数组元素长度为 8 个字节的字符串型数组 Name。

（2）一条声明语句可以同时声明多个不同维数的数组，但数组间不能同名。

例如，上面的两条定义语句我们也可以写成：

Dim Score (1 To 100) As Integer, Name (1 To 4) As String * 8

2．数组元素的表示

一个数组可以含有若干个下标变量（或称数组元素），下标用来指出某个数组元素在数组中的位置，用数组名和下标可以唯一识别数组中的每一个元素。数组元素的类型就是数组的类型，数组元素名由数组名、下标和圆括号共同组成。

其一般形式为：

数组名 (下标 1[, 下标 2, …])

其中，下标可以是常量、变量或算术表达式。当下标的值为非整数时，会按 CInt 函数的方式将其转换为整数处理。在一个数组中，如果只需一个下标就能确定一个数组元素在数组中的位置，则称为一维数组。如果需要两个或多个下标才能确定一个数组元素在数组中的位置，则称为二维数组或多维数组。

例如，在模块声明阶段定义两个数组：

Dim A (1 To 6) As Integer, B (1 To 2, 1 To 2) As Integer

则 A 数组共有 A（1）、A（2）、A（3）、A（4）、A（5）、A（6）这 6 个数组元素；而数

组 B 则有 B（1，1）、B（1，2）、B（2，1）、B（2，2）4 个数组元素。

> 在标识数组元素时，其下标不能超过数组定义时的上、下界。

3．数组的上、下界

在数组定义语句中数组维界定义的格式如下：

[下界 1 To]　上界 1 [,[下界 2 To]上界 2]...

其中"下界"和关键字"To"可以缺省。

其说明如下。

（1）在定义数组时，每一维的上、下界必须是常数，不能是变量或表达式。例如，

Dim Arr (n)

Dim Brr (n+5)

都是不合法的。即使在执行数组定义语句之前给出变量的值，也是错误的。例如，

n=3

Dim Arr (n)

（2）如果在程序中没有特别声明，即程序模块的通用部分没有使用 Option Base 1 语句时，缺省"下界"和关键字"To"，则表示下标的取值是从 0 开始的，等价于"0"To"上界"；如果程序模块的通用部分使用 Option Base 1 语句时，缺省"下界"和关键字"To"，则表示下标的取值从 1 开始，等价于"1"To"上界"。

例如，在没有特别声明的情况下在模块声明阶段定义数组：

Dim A (6) As Integer

则数组 A 就具有 A（0）、A（1）、A（2）、A（3）、A（4）、A（5）、A（6）共 7 个数组元素。

4．数组的类型

数组说明语句中的"As 数据类型"用来声明数组的类型。数组的类型可以是 Integer、Long、Single、Double、Date、Boolean、String（变长字符串）、String * length（定长字符串）、Object、Currency、Variant 和自定义类型。若缺省 As 短语，则表示该数组是（Variant）类型。

例如，

Option Base 1

Dim M (4), N (2, 3) As Integer

该程序模块的通用部分使用了 Option Base 1 语句，用以说明本模块内所有缺省维下界说明的数组其下标的取值都从 1 开始。因此，该 Dim 语句定义了一个数组 M，具有四个元素，由于缺省类型说明，所以 M 数组的类型是 Variant 类型。同时，该 Dim 语句还定义了一个有 2 行、3 列的二维整型数组 N。

> 对于 Variant 型数组来说，同一个数组中可以存放各种不同类型的数据。因此，Variant 型数组是一种"混合数组"。

5．数组的大小

用数组说明语句定义数组，指定了各维界的上、下界，也就确定了数组的大小，即此数组所包含的元素个数。可用下面的公式计算数组的大小：

数组的大小 ＝ 第一维大小×第二维大小×…×第 N 维大小

维的大小 ＝ 维上界–维下界+1

例如，

Dim A (1 To 6) As Integer, B (1 To 2, 1 To 2) As Integer

则

A 数组的大小 ＝ 6–1+1=6（个数组元素）

B 数组的大小 ＝ (2–1+1) × (2–1+1) =2 × 2 = 4 (个数组元素)

6．数组的初始化

数组说明语句不仅定义了数组，分配了存储空间，而且还将数组初始化。数值型的数组元素初始值为零，变长字符类型的数组元素初始值为空字符串，定长字符类型的数组元素初始值为指定长度的空格，布尔型的数组元素初始值为"False"。

7．数组的结构

数组是多个变量的集合。数组的所有元素按一定顺序存储在连续的存储单元中。

（1）一维数组的结构。

一维数组只能表示线性顺序，相当于一个一维表。

例如，有如下数组定义：

Dim A (1 To 8) As Integer

则数组 A 的逻辑结构为

A (1 To 8) = (A (1), A (2), A (3), A (4), A (5), A (6), A (7), A (8))

其在内存中的存放的次序在形式上与数组的逻辑结构相同，按下标序号升序排列。

（2）二维数组的结构。

二维数组的表示形式是由行和列组成的一个二维表，二维数组的数组元素需要用两个下标来标识，即要指明数组元素的行号和列号。通常可用二维数组表示数学中的矩阵。

例如，有如下数组定义：

Dim B (1 To 3，1 To 3) As Integer

则数组 B 的逻辑结构为

$$
B (1\ To\ 3，1\ To\ 3)=
\begin{matrix}
B (1，1) \ B (1，2) \ B (1，3) & 第 1 行 \\
B (2，1) \ B (2，2) \ B (2，3) & 第 2 行 \\
B (3，1) \ B (3，2) \ B (3，3) & 第 3 行 \\
第 1 列 \quad 第 2 列 \quad 第 3 列 &
\end{matrix}
$$

二维数组在内存中是"按列存放的"，即先存放第一列的所有元素，接着存放第二列的所有元素，直到存放完最后一列的所有元素。

（3）三维数组的结构。

三维数组是由行、列和页组成的三维表。三维数组也可理解为分为几页的二维表，即每页由一张二维表组成。三维数组的元素是由行号、列号和页号来表示的。

例如，有如下数组定义：

Dim Pg (1 To 3，1 To 2，1 To 2)As Integer

三维数组的第一个下标为行数，第二个下标为列数，第三个下标为页数。

则数组 Pg 的逻辑结构为

$$
\begin{bmatrix}
Pg(1,1,1) & Pg(1,2,1) \\
Pg(2,1,1) & Pg(2,2,1) \\
Pg(3,1,1) & Pg(3,2,1)
\end{bmatrix}
\qquad
\begin{bmatrix}
Pg(1,1,2) & Pg(1,2,2) \\
Pg(2,1,2) & Pg(2,2,2) \\
Pg(3,1,2) & Pg(3,2,2)
\end{bmatrix}
$$

数组 Pg 的第 1 页　　　　　　　　数组 Pg 的第 2 页

三维数组在内存中是"逐页逐列"存放的，即先按列的顺序依次存放第 1 页中的所有元素，再按列的顺序依次存放第 2 页中的所有元素，直到所有元素存放完毕。

6.1.2 数组的基本操作

对数组的操作主要是针对数组元素进行的。由于数组元素的本质仍是变量，所以可以将数组元素当作变量来进行赋值、输出和使用。另外，由于数组元素是有序排列的，可以通过改变下标来访问不同的数组元素，因此在需要对整个数组或数组中连续的元素进行处理时，利用循环是最方便而有效的方法。

数组的基本操作包括：数组元素赋初值、数组元素的输入与输出、数组的排序。

1．数组元素赋初值

（1）用赋值语句给数组元素赋初值。

在程序中可以使用赋值语句给单个数组元素赋值。

例如，

```
Dim A (1 To 4) As Integer
Dim B (1 To 2, 1 To 3) As Integer
A (1) =10
A (2) =20
A (3) =22
B (1, 1) =54
B (2, 2) =126
…
```

（2）使用循环结构赋初值。

从上面的例子看，如果引用数组的每个元素都要通过"数组名（下标）"的形式，会非常不便。实际上在程序中可利用变量作为下标来实现对数组元素的访问。

例如，

```
Dim A (1 To 100) As Integer, i As Integer
     For   i = 1 to 100
           A (i) = 10
     Next i
```

此例将 A（1）～A（100）的初值均设为 10。

> **注意**　由于数组元素是有序排列的，所以将 i（下标变量）作为循环控制变量，通过改变下标来访问不同的数组元素。一维数组使用一个下标变量，二维数组使用两个下标变量，以此类推。

例如，

```
Dim B (1 To 10, 1 To 20) As Integer, i As Integer, j As Integer
    For   i = 1 to 10
        For   j = 1 to 20
            B (i, j) = 1
        Next j
    Next i
```

此例将 B(1，1)～B(10，20)的初值均设为 1。

（3）使用 Array 函数赋初值。

利用循环给数组的每个元素赋值，有时比较麻烦。可以使用 Array 函数把一个数据集赋值给一个 Variant 型变量或 Variant 型数组。

Array 函数格式：<Variant 型变量名>|<Variant 型数组名>=Array(<数据列表>)

例如，

```
Dim   A as variant
    A = Array(2,4,6,8,10)
```

则 A(0)=2，A(1)=4，A(2)=6，A(3)=8，A(4)=10。

2．数组元素的输入

以一维数组元素的输入为例，若是多维数组，则使用多个循环控制变量配合循环的嵌套完成即可。

（1）键盘输入。

例如，静态数组的输入：

```
Private Sub Form_Click()
    Dim A(1 To 20) As Integer, i As Integer
    For i = 1 To 20
        A(i) = Val(InputBox("输入第" & i & "个数据", "输入"))
    Next i
    …
End Sub
```

在循环中我们一般使用 InputBox()函数来实现键盘数据的输入。

（2）下标生成。

例如，生成一维数组，元素为 1、3、5、7…

```
Private Sub Form_Click()
    Dim A(1 To 10) As Integer, i As Integer
    For i = 1 To 10
        A(i) = 2*i-1
    Next i
    …
End Sub
```

如要输入的数组元素的值与下标之间存在函数关系，那么我们可以使用下标生成的方法来实现数组各元素数据的输入。

（3）随机数生成。

例如，随机生成一维数组：

```
Private Sub Form_Click()
    Dim A(1 To 20) As Integer, i As Integer
    For i = 1 To 20
        A(i) = Int(100*Rnd)+1
    Next i
    …
End Sub
```

如果要输入的数组元素的值需要由计算机随机产生，那么可以使用 Rnd 函数实现数组各元素数据的输入。在此例中，我们为数组 A 依次输入了 20 个由计算机产生的 1～100 的随机数。

（4）数组整体赋值。

将一个已知数组整体赋值给另一个可调数组，并自动确定可调数组的大小。例如，

```
Dim    A(3) As string , B() as string
A(0)="张三" : A(1)="李四"
A(2)="王五" : A(3)="赵六"
B=A
```

通过赋值语句将数组 B 的大小确定为 4，且各数组元素值和顺序 A 的值相同。

> 此例中，数组 B 必须定义为可调数组即动态数组（动态数组的定义和使用请参见 6.2.2 小节）。

3．数组元素的输出

数组内容的输出经常使用循环语句和 Print 语句配合完成。

（1）一维数组元素的输出。

例如，有程序如下：

```
Private Sub Form_Click()
    Dim A(1 To 20) As Integer, i As Integer
    For i = 1 To 20
        A(i) = 2*i−1
    Next i
    For i = 1 To 20
        Print A(i)
    Next i
    …
End Sub
```

此程序的意思是先为 A 数组中的 20 个元素赋值，后将其值输出。

> 由于在此例的数组元素输出语句中使用的是"Print A(i)"语句，因此其输出的结果应该是 20 个数组元素的值在窗体上各占一行输出。

思考： 若要求该程序的输出结果是将 20 个数组元素的值在窗体上的一行里顺序输出，该怎样完成？若逆序输出呢？

（2）二维数组元素的输出。

例如，假定有如下一组数据：

```
24  33  68  72
51  47  89  12
35  92  84  77
91  65  49  30
```

可以用下面的程序把这些数据输入一个二维数组：

```
Dim B(1 To 4, 1 To 4) As Integer, i As Integer, j As Integer
For i = 1 To 4
    For j = 1 To 4
        B(i, j) = Val(InputBox("输入数据：", "输入"))
    Next j
Next i
```

原来的数据分为 4 行 4 列，存放在数组 B 中。为了使数组中的数据仍按原来的 4 行 4 列输出，可以这样编写程序：

```
For i = 1 To 4
    For j = 1 To 4
        Print B(i, j);" ";
    Next j
Print
Next i
```

此例是将数组中的数据仍按原来的 4 行 4 列输出到窗体上。

思考： 若要求该程序的输出结果是使数组中的数据按原来的 4 行 4 列输出到一个文本框中，该怎样操作？

4．数组的排序

排序是把一组数据按一定顺序排列的操作，它有很多种算法，其效率也有很大差别。常用的算法有"冒泡排序"法和"选择排序"法。

（1）冒泡排序法。

算法说明： 冒泡排序法模拟水中气泡的排放规则，使分量"较轻"（值较小）的气泡浮到上面，分量"较重"（值较大）的气泡沉到下面，对每一趟排序，从第一个元素开始，按照规则调整相邻元素的大小关系，确定一个最大（或最小）的气泡的位置。

例如，有数组 A：28　7　16　11，使用冒泡法从小到大排序。

第一趟排序：

a　28　7　16　11　　比较 28 和 7，未按上升顺序排列，因此交换位置。

b　7　28　16　11　　比较 28 和 16，未按上升顺序排列，因此交换位置。

c　7　16　28　11　　比较 28 和 11，未按上升顺序排列，因此交换位置。

d　7　16　11　28　　经过第一趟排序的 3 次调整后，使 4 个数的最大值 28 放在最后一个位置，这个位置是确定的，在以后的排序过程中不会再改变，因此，在后面的排序中就不再对该位置进行改变。

第二趟排序（对前 3 个元素排序）：

a 7 16 11 28 比较 7 和 16，已按上升顺序排列，不交换。

b 7 16 11 28 比较 16 和 11，未按上升顺序排列，因此交换位置。

c 7 11 16 28 在第一趟排序的基础上，经过第二趟排序的两次调整后，使前 3 个数的最大值 16 放在倒数第二个位置，同样，在后面的排序中就不再对该位置进行改变。

第三趟排序（对前两个元素排序）：

7 11 16 28 比较 7 和 11，已按上升顺序排列，不交换。这样经过第三趟排序的一次调整后，使前两个数的最大值 11 压下，最后一个元素显然不用再排序了。

经过 3 趟排序，完成了对数组 a 中的 4 个元素的排序，最终的排序结果为：

7 11 16 28

若数组中有 N 个元素，使用冒泡法则需要进行 N-1 趟排序才能完成对整个数组的排序。

程序实现：（其中 N（常数）为数组 a 的下标上界）

```
For i = 1 To N - 1                    '控制有几趟排序
    For j = 1 To N - i                '控制每趟排序的元素个数
        If a(j) > a(j + 1) Then
            temp = a(j)
            a(j) = a(j + 1)
            a(j + 1) = temp
        End If
    Next j
Next i
```

数据输出：

```
For i = 1 To N
    Print a(i); " ";
Next i
```

（2）选择排序法。

算法说明：若有一数组 a(0 To 9)，要求用选择排序法将其中的元素从小到大的顺序进行排列，则先将 a(0)作为参考标准，在 a(0)～a(9)中挑选最小的一个数，跟 a(0)交换；再将 a(1)～a(9)中最小的数与 a(1)对换；依次类推。10 个数共需进行 9 轮比较以达到排序的目的。

基本操作步骤如下。

假设第 1 个数据最小，依次同第 2、第 3、……、第 N 个数据进行比较，一旦第 1 个数据大于其他值则交换。这样，第 1 轮比较完毕，找出了最小数据作为第 1 个数据。

以第 2 个数据为最小数据，依次同第 3、第 4、……、第 N 个数据进行比较，若第 2 个数据大于其他值则交换。这样，第 2 轮交换完毕，则找出第二小的数据作为第 2 个数据。

……

依此类推，第 N-1 轮比较将找出第 N-1 小的数据，剩下的一个数据就是最大数，排列在最后。

程序实现：（其中 N（常数）为数组 a 的下标上界）

```
For i = 1 To N – 1              '控制有几趟排序
    For j = i + 1 To N
        If a(i) > a(j) Then
            temp = a(i)
            a(i) = a(j)
            a(j) = temp
        End If
    Next j
Next i
```

5．For Each … Next 语句

在处理数组元素时，大多使用循环结构。VB 提供了一个与 For … Next 语句类似的结构语句 For Each … Next，两者都用来执行指定重复次数的一组操作。但 For Each … Next 语句专门用于数组或对象"集合"，其一般格式为：

```
For Each  成员  In  数组
    循环体
    [Exit For]
    …
Next [成员]
```

这里的"成员"是一个变体变量，它是为循环提供的，并在 For Each … Next 结构中重复使用，它实际上代表的是数组中的每个元素。"数组"是一个数组名，没有括号和上下界。

用 For Each … Next 语句可以对数组元素进行处理，包括查询、显示或读取。它所重复执行的次数由数组中元素的个数确定，即数组中有多少个元素，就自动重复执行多少次。

例如，

```
Dim M(1 To 8) As Integer , x as Variant
For Each x In M
    Print x;
Next x
```

将重复执行 8 次（因为数组 M 有 8 个元素），每次输出数组的一个元素的值。这里的 x 类似于 For … Next 循环中的循环控制变量，但不需要为其提供初值和终值，而是根据数组元素的个数确定执行循环体的次数。此外，x 的值处于不断的变化之中，开始执行时，x 是数组第一个元素的值，执行完一次循环后，x 变为数组第二个元素的值……当 x 为最后一个元素的值时，执行最后一次循环。x 是一个变体变量，它可以代表任何类型的数组元素。

由上例可以看出，在数组操作中，For Each … Next 语句比 For … Next 语句更方便，因为它不需要指明结束循环的条件。

> 不能在 For Each … Next 语句中使用用户自定义类型数组，因为 Variant 不能包含用户自定义类型。

【例 6.1】 随机产生 5 个两位整数，求出这 5 个数的平均值、最大值和最小值。

算法说明： 5 个随机两位数要利用 Rnd 函数和 Int 函数，通过循环来产生，求平均值则要先求和，所以要用循环进行累加求和，另外在累加求和过程中通过比较寻找 5 个数的最大值和最小值。

（1）窗体上各控件属性设置如表 6-2 所示。

表 6-2 例 6.1 的对象属性设置

对　象	属　性	设　置
Form1	Caption	例 6.1
Label1	Caption	平均值
Label2	Caption	最大值
Label3	Caption	最小值
Label4	Caption	随机产生的 5 个数为
Command1、Command2	Caption	显示、清除

（2）程序代码如下：

```
Option Base 1    '标识数组下标从 1 开始
Private Sub Command1_Click()
    Dim a(5) As Integer
    Dim i As Integer, max As Integer, min As Integer, sum As Integer
    Dim avr As Double
    For i = 1 To 5
        a(i) = Int(Rnd * 90 + 10)    '随机数用到 Rnd 函数和 Int 函数
        Label4.Caption = Label4.Caption & "    " & a(i)
    Next i
    max = a(1)
    min = a(1)
    For i = 1 To 5
        If max < a(i) Then max = a(i)
        If min > a(i) Then min = a(i)
        sum = sum + a(i)
    Next i
    avr = sum / 5
    Text1.Text = avr
    Text2.Text = max
    Text3.Text = min
End Sub
Private Sub Command2_Click()
    Text1.Text = ""
    Text2.Text = ""
    Text3.Text = ""
    Label4.Caption = "随机产生的 5 个数为："
End Sub
```

（3）例 6.1 的运行界面如图 6-1 所示。

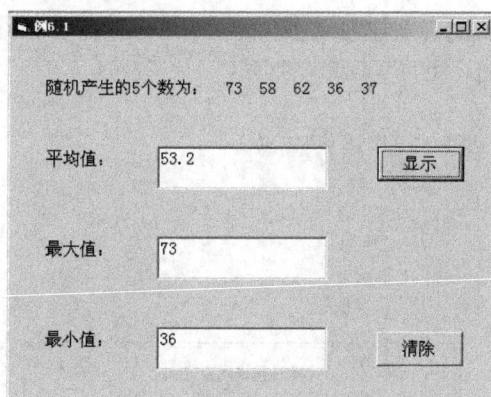

图 6-1 例 6.1 的运行界面

学习目的：通过例 6.1 的学习，重点掌握一维数组的输入、处理和输出。

【**例 6.2**】 求一个 4×4 矩阵的对角线元素之和。

（1）窗体上各控件属性设置如表 6-3 所示。

表 6-3 例 6.2 的对象属性设置

对 象	属 性	设 置
Form1	Caption	例 6.2
Picture1	Font	宋体，小四
Command1	Caption	计算对角线元素之和

（2）程序代码如下：

```
Private Sub Command1_Click()
    Dim a(1 To 4, 1 To 4) As Integer
    Dim sum As Integer
    For i = 1 To 4
        For j = 1 To 4
            a(i, j) = Val(InputBox("输入第" & i & "行,第" & j & "列的数", "矩阵输入"))
            Picture1.Print a(i, j) & "    ";
        Next j
        Picture1.Print
    Next i
    sum = 0
    For i = 1 To 4
        For j = 1 To 4
            If i = j Or i + j = 5 Then sum = sum + a(i, j)     '两条对角线上的值求和
        Next j
    Next i
    Picture1.Print "矩阵的对角线元素的和为"; sum
End Sub
```

（3）例 6.2 的运行界面如图 6-2 所示。

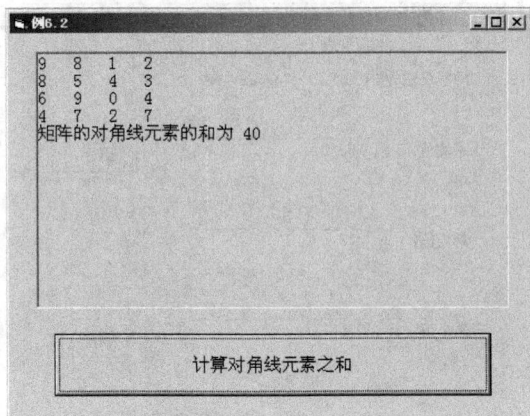

图 6-2　例 6.2 的运行界面

6.2　静态数组和动态数组

任务 2：了解静态数组和动态数组的区别，掌握动态数组的定义及其使用，能实现"大家来投票"程序。

6.2.1　静态数组的使用

在程序执行前，系统进行编译时，根据数组说明语句开辟的固定的存储空间，直到程序执行完毕，在整个过程中存储空间大小不再改变，这种数组就叫静态数组。我们前面所介绍的数组基本都是静态数组。

【例 6.3】　用数组求 1!+2!+…+10!之和。

（1）窗体上各控件属性设置如表 6-4 所示。

表 6-4　　　　　　　　　　　　　例 6.3 的对象属性设置

对　象	属　性	设　置
Form1	Caption	例 6.3
Picture1	Font	宋体,小四
Command1	Caption	计算

（2）程序代码如下：

```
Private Sub Form_Click()
    Dim a(1 To 10) As Long, sum As Long, f As Long
    Dim n As Integer
    f = 1
    For n = 1 To 10    '通过 10 次循环，分别求出 1！～10！
        f = f * n
```

－112－

```
        a(n) = f           '每求得一个阶乘就赋值给一个数组元素
    Next n
    sum = 0
    For n=1 To 10
        sum = sum +a(n)
    Next n
    Picture1.Print "1! + 2! + 3! + … + 10! ="; sum
End Sub
```

（3）例 6.3 的运行界面如图 6-3 所示。

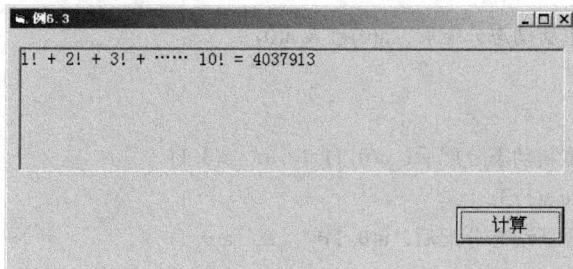

图 6-3　例 6.3 的运行界面

6.2.2　动态数组的使用

与静态数组对应的是动态数组，即数组元素个数不定的数组。

若事先不知道数组的大小，并希望在运行时可以根据需要改变数组的大小（或大小不断改变），这时就要使用动态数组。

动态数组与静态数组不同的是：动态数组灵活、经济、可伸缩，可在任何时候改变数组的大小，从而不会浪费内存。

1．动态数组的声明

数组声明的语法格式：

    {Public | Private | Dim}　数组名() [As 类型]

2．创建动态数组的步骤

（1）声明一个空维数组（不必说明维数和界限）。

例如，Dim　X( )As　Integer。

（2）在需要指定数组大小时，再使用 ReDim 语句分配数组中实际元素个数。

例如，ReDim　X(50,50)

ReDim 语法格式：

    ReDim　[Preserve] 数组名(下标)[As 类型]

其中：

（1）ReDim 语句中的 [As 类型]可以省略，若不省略则必须要和数组声明中的类型一致。

（2）使用 ReDim 相当于数组被重新初始化，原来的数据将全部丢失。

（3）Preserve 表示再次使用 ReDim 语句改变数组大小时保留数组中原来的数据，但若使用 Preserve，则只能改变多维数组中最后一维的上界，否则运行程序报错。

（4）ReDim 语句用来更改某个已声明维数或大小的数组。如果有一个较大的数组，并且不再需要它的某些元素，ReDim 可通过减小数组大小来释放内存。另一方面，如果代码确定某个数组需要更多元素，也可使用 ReDim 语句来实现。

例如，使用 ReDim 语句来声明动态数组。

```
Private Sub Form_Click()
    Dim a() As Integer
    ReDim a(5) As Integer
    a(0) = 100
    Print "第一次重新动态分配后：a(0)=" & a(0)
    ReDim a(1, 1)
    a(0, 1) = 200
    Print "第二次重新动态分配后：a(0, 1)="   &   a(0, 1)
    ReDim Preserve a(1, 3)
    Print "第三次重新动态分配后：a(0, 1)="   &   a(0, 1)
End Sub
```

> **注意**　静态数组和动态数组由其定义方式决定，即用数值常数或符号常量作为下标定维的数组是静态数组，用变量作为下标定维的数组是静态数组。

【例 6.4】 统计输入的任意个数数据之和。

（1）窗体上各控件属性设置如表 6-5 所示。

表 6-5　　　　　　　　　　　　　　例 6.4 的对象属性设置

对　　象	属　　性	设　　置
Form1	Caption	例 6.4
Picture1	Font	宋体,小四
Command1～Command3	Caption	输数、求和、清空
	Font	宋体,小四

（2）程序代码如下：

```
Dim N As Integer, A() As Single, i As Integer, s As Single
Private Sub Command1_Click()
    N = InputBox("输入几个数？")
    ReDim A(1 To N)
    For i = 1 To N
        A(i) = InputBox("输入第" + Str(i) + "个数")
        Picture1.Print "第" & i & "个数=" & A(i)
        s = s + A(i)
    Next i
End Sub
```

```
Private Sub Command2_Click()
    Picture1.Print N & "个数之和为" & s
End Sub
Private Sub Command3_Click()
    Picture1.Cls
End Sub
```

（3）例 6.3 的运行界面如图 6-4 所示。

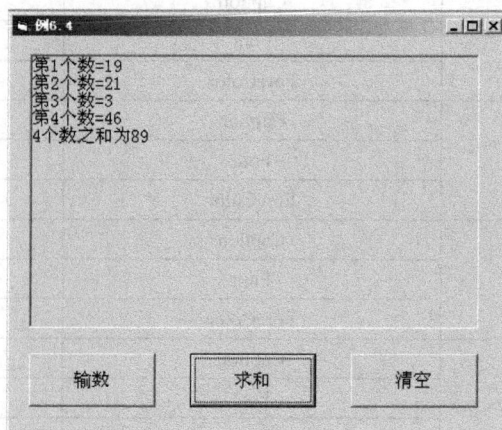

图 6-4　例 6.3 的运行界面

6.2.3　课堂实例 1——大家来投票

【实例学习目标】

"大家来投票"程序，要求在文本框内不断输入候选人的编号，不断累计出候选人的票数，直至投票表决结束。单击"显示投票结果"按钮，即可显示所有候选人的得票数。通过这个实例，重点掌握数组和数组元素的概念、创建的方法和基本使用方法。

课堂实例 1 运行界面如图 6-5 所示。

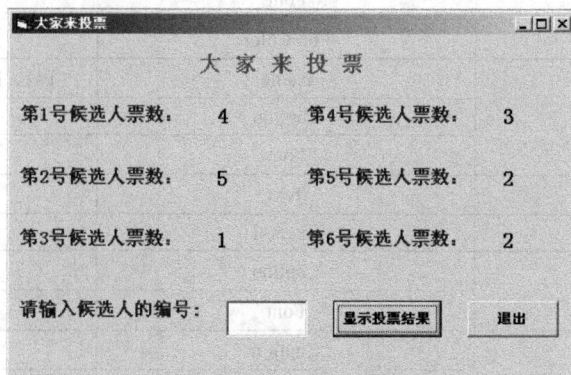

图 6-5　课堂实例 1 的运行界面

【实例程序实现】

（1）在窗体上放置 14 个 Label 控件、1 个 TextBox 控件和 2 个 CommandButton 控件。

（2）属性设置如表 6-6 所示。

表 6-6 　　　　　　　　　　　　　　课堂实例 1 的对象属性设置

对　象	属　性	设　置
Form1	Caption	大家来投票
Label1	Caption	大家来投票
	Font	宋体、粗体、小三
	ForeColor	红色
Label2	Caption	第 1 号候选人票数：
	Font	宋体、粗体、小四
	ForeColor	蓝色
Label3	Caption	第 2 号候选人票数：
	Font	宋体、粗体、小四
	ForeColor	蓝色
Label4	Caption	第 3 号候选人票数：
	Font	宋体、粗体、小四
	ForeColor	蓝色
Label5	Caption	第 4 号候选人票数：
	Font	宋体、粗体、小四
	ForeColor	蓝色
Label6	Caption	第 5 号候选人票数：
	Font	宋体、粗体、小四
	ForeColor	蓝色
Label7	Caption	第 6 号候选人票数：
	Font	宋体、粗体、小四
	ForeColor	蓝色
Label8	Caption	请输入候选人的编号：
	Font	宋体、粗体、小四
	ForeColor	蓝色
Label9～Label14	Name	Ps1、Ps2、Ps3、Ps4、Ps5、Ps6
	Caption	0
	Font	宋体、粗体、四号
Text1	Text	空
Timer1	Interval	1000ns
Command1	Caption	显示投票结果
	Font	宋体、粗体、小五
Command2	Caption	退出
	Font	宋体、粗体、小五

（3）输入代码程序。

```
Dim L As Integer
Dim P(1 To 6) As Integer
Private Sub Command1_Click()
    ps1.Caption = P(1)
    ps2.Caption = P(2)
    ps3.Caption = P(3)
    ps4.Caption = P(4)
    ps5.Caption = P(5)
    ps6.Caption = P(6)
End Sub
Private Sub Command2_Click()
    End
End Sub
Private Sub Text1_KeyUp(KeyCode As Integer, Shift As Integer)
    L = Val(Text1.Text) '将文本框 Text1 中的字符转换为数值后赋给变量 L
    If L >= 1 And L <= 6 Then
        P(L) = P(L) + 1    '统计各候选人的选票
    End If
    Timer1.Enabled = True    '使时钟 Timer1 有效, 可产生延时效果, 以便用户看清输入的数据
End Sub
Private Sub Timer1_Timer() '用来产生 1000ms 延时
    Timer1.Enabled = False
    Text1.Text = ""
End Sub
```

6.3　控　件　数　组

任务 3：掌握控件数组的建立方法，学会利用控件数组设计和编写程序。实现"旅游线路选择"程序。

6.3.1　控件数组的使用

控件数组由一组相同类型的控件组成，使用相同的名称，具有基本相同的属性，执行不同的功能。

根据建立时的顺序，系统给每个控件元素一个唯一的索引号（Index），即下标，下标从 0 开始。这些控件元素将使用相同的事件过程，在事件过程中使用 Index 区分各个元素。

控件数组的建立有以下几种方法。

1．复制粘贴法

其步骤如下。

（1）在窗体上创建第一个控件，并设置好控件的属性。

图 6-6　控件数组的创建

（2）选中该控件，进行"复制"和"粘贴"操作，系统将会弹出提示消息框，如图 6-6 所示。

（3）单击"是"按钮后，就建立了一个控件数组，在此之后进行的"粘贴"操作生成的控件都是控件数组中的元素。如图 6-6 所示。

2．Name 设置法

方法：将需要放置在数组中的控件的 Name 属性都设置为相同，当设置第二个控件的 Name 时也会弹出以上的提示建立控件数组的消息框。

3．通过指定控件的索引值创建控件数组

首先指定控件数组中的第一个控件的索引值为 0 或比 0 大的值，然后通过前两种方法之一就可得到控件数组,所不同的是不会弹出对话框。

建立好控件数组后，往往需要编写控件的事件过程。控件数组共享同样的事件过程，为了区分是哪个元素触发的事件，VB 会把它的下标值传送给事件过程，事件过程通过 Index 参数接收，并判断。

【例 6.5】 制作简易四则运算器。

（1）窗体上各控件属性设置如表 6-7 所示。

表 6-7　　　　　　　　　　　　　　　　例 6.5 的对象属性设置

对　象	属　性	设　置
Form1	Caption	例 6.5
Label1	Caption	操作数 1
Label2	Caption	操作数 2
Label3	Caption	结果
Text1(0)	Text	空
Text1(1)	Text	空
Text2	Text	空
Command1	Caption	清除
Command2	Caption	退出
Command3(0)	Caption	加
Command3(1)	Caption	减
Command3(2)	Caption	乘
Command3(3)	Caption	除

（2）程序代码如下。

```
Private Sub Command1_Click()
    Text1(0).Text = ""
```

```
        Text1(1).Text = ""
        Text2.Text = ""
        Text1(0).SetFocus
    End Sub
    Private Sub Command2_Click()
        End
    End Sub
    Private Sub Command3_Click(Index As Integer)
        Dim op1 As Single, op2 As Single
        op1 = Val(Text1(0).Text)
        op2 = Val(Text1(1).Text)
        Select Case Index
            Case 0
                Text2.Text = op1 + op2
            Case 1
                Text2.Text = op1 - op2
            Case 2
                Text2.Text = op1 * op2
            Case 3
                If op2 <> 0 Then Text2.Text = op1 / op2
        End Select
    End Sub
```

（3）例 6.5 的运行界面如图 6-7 所示。

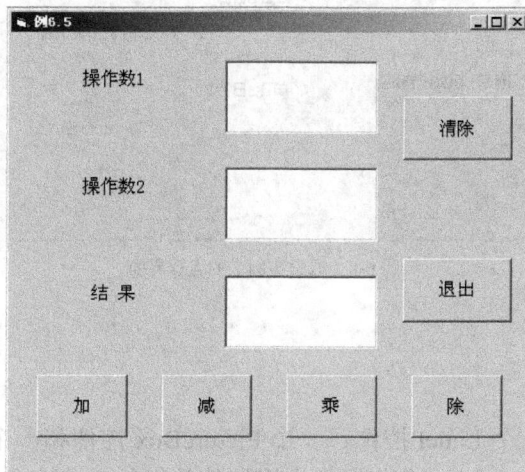

图 6-7　例 6.5 的运行界面

在此例中，2 个操作数和 4 个操作符按钮都使用了控件数组。

说明

6.3.2 课堂实例 2——旅游线路选择

【实例学习目标】

"旅游线路选择"程序，要求提供有关旅游线路、出行方式以及相应价格的查阅。旅游线路有两条，每一条旅游线路都提供两种出行方式，且对应的价格不同，具体数据如表 6-8 所示。

表 6-8　　　　　　　　　　　　　　　旅游信息表

旅游线路	出 行 方 式	价格（元/人）
南京—青岛—大连	双卧 6 日游	1500
	单飞 5 日游	1800
南京—杭州—普陀	汽车 4 日游	680
	单飞 3 日游	980

两条旅游线路的选择用一组选项按钮实现，当选中某条线路时，出现与这条线路相关的两种出行方式，选中具体的出行方式后，显示出对应的价格。通过这个实例，重点掌握控件数组的创建和基本使用方法。

课堂实例 2 运行界面如图 6-8 所示。

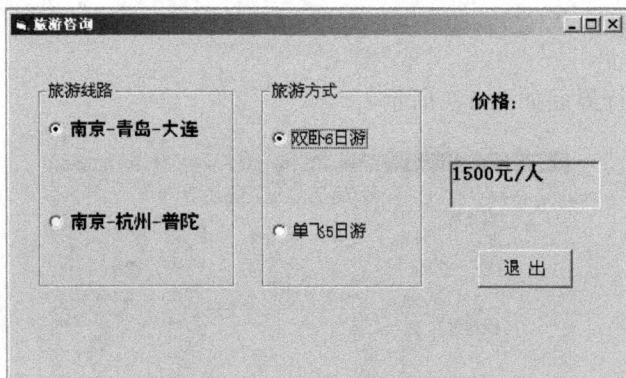

图 6-8　课堂实例 2 的运行界面

【实例程序实现】

（1）在窗体上放置一个 Label 控件、一个 PictureBox 控件和一个 CommandButton 控件。在窗体上放置框架控件 Frame1，在此框架中用控件数组的方式产生一组（两个）单选按钮，用来提供旅游线路。再用控件数组的方式在窗体上放置框架控件数组（Frame2），在该数组的每个框架上放置一组（两个）单选按钮，并将这两个框架重叠。

（2）属性设置如表 6-9 所示。

表 6-9 课堂实例 2 的对象属性设置

对 象	属 性	设 置
Form1	Caption	旅游咨询
Label1	Caption	价格
	Font	黑体、常规、小四
Picture1	Font	宋体、粗体、小四
Frame1	Name	Framr
	Caption	旅游线路
Option1(0)	Caption	南京—青岛—大连
	Font	黑体、常规、小四
Option1(1)	Caption	南京—杭州—普陀
Frame2(0)	Name	Framw
	Caption	旅游方式
	Visible	True
Frame2(0)	Name	Framw
	Caption	旅游方式
	Visible	Flase
Option2(0)	Caption	双卧 6 日游
	Font	宋体、常规、五号
Option2(1)	Caption	单飞 5 日游
	Font	宋体、常规、五号
Option2(2)	Caption	汽车 4 日游
	Font	宋体、常规、五号
Option2(3)	Caption	单飞 3 日游
	Font	宋体、常规、五号
Command1	Caption	退出
	Font	宋体、常规、五号

（3）输入代码程序。

```
Private Sub Command1_Click()
    End
End Sub
Private Sub Option1_Click(Index As Integer)
    Select Case Index
        Case 0
            Framw(0).Visible = True     '按匹配条件选定旅游方式的框架可见
            Framw(1).Visible = False    '匹配条件不满足的框架不可见
            Picture1.Cls                '图片框清空
```

```
            Case 1
                    Framw(0).Visible = False
                    Framw(1).Visible = True
                    Picture1.Cls
        End Select
    End Sub
    Private Sub Option2_Click(Index As Integer)
        Select Case Index
            Case 0
                    Picture1.Cls
                    Picture1.Print "1500 元/人"
            Case 1
                    Picture1.Cls
                    Picture1.Print "1800 元/人"
            Case 2
                    Picture1.Cls
                    Picture1.Print "680 元/人"
            Case 3
                    Picture1.Cls
                    Picture1.Print "980 元/人"
        End Select
    End Sub
```

思考与练习

1．什么是数组？数组的基本操作有哪些？

2．简述静态数组和动态数组的异同处。

3．在使用动态数组时若加上 Preserve 关键字，会起到什么作用？

4．什么是控件数组？怎样建立控件数组？

5．如何表示控件数组中的每一个元素？

【课外实践与拓展】

1．参照例 6.2，求出该 4×4 矩阵的所有元素之和及所有靠边元素之和。

2．修改课堂实例 1"大家来投票"程序，使该程序具有显示投票总数、各候选人票数占总票数百分比的功能。

3．设计一个程序，将输入的英文短语加密和解密。要求：按原字母 ASCII 码加 2 的规则进行加密；按加密后的字母 ASCII 码减 2 的规则进行解密。

4．统计字母（不分大小写）在文本中出现的次数。

5．随机生成 15 个 100 以内的正整数并显示在一个文本框中，再将所有对称位置的两个数据对调后显示在另一个文本框中。

6．求出裴波拉契数列的前 18 项，并按顺序将它们显示在一个文本框内。裴波拉契数列的递推公式如下：

$$F(n)=\begin{cases}1 & n=1 \\ 1 & n=2 \\ F(n-2)+F(n-1), & n\geqslant 3\end{cases}$$

第 7 章　过程的使用

学 习 目 标	知 识 要 点	能 力 要 求
Sub 过程	（1）Sub 过程的定义与调用 （2）事件过程的调用	掌握用户自定义 Sub 过程的定义与调用，了解事件过程与用户自定义过程的区别
Function 过程	Function 过程的定义和调用	掌握用户自定义 Function 过程的定义与调用
参数传递和作用域	（1）值传递与地址传递 （2）变量的作用域	理解形参与实参的概念，掌握两种参数传递方式的使用，了解其他形式的过程参数，掌握变量的作用域，了解过程与函数的作用域
鼠标和键盘事件	（1）鼠标事件 （2）键盘事件	掌握常用的鼠标键盘事件，了解其他鼠标键盘事件，会编写常用的鼠标键盘事件过程

【教学重点】

Sub 过程的定义与调用、Function 过程的定义与调用、参数传递方式、常用鼠标键盘事件。

【学习任务】

本章的主要任务描述如下。

➢ 　了解 VB 应用程序的模块结构及过程的分类。

➢ 　能自定义通用 Sub 过程和 Function 过程，并会调用。

➢ 　掌握值传递和地址传递两种参数传递方式的使用。

➢ 　掌握变量的作用域的概念，能灵活运用，了解过程与函数的作用域。

➢ 　掌握基本的鼠标与键盘事件，了解其他鼠标与键盘事件。

7.1　Sub 过程

在设计一个规模较大、复杂程度较高的程序时，往往根据需要按功能将程序分解成若干个相对独立的部分，然后对每个部分分别编写一段程序，这些程序段称为程序的逻辑部件。用这些逻辑部件可以构造一个完整的程序，而且可以大大简化程序设计任务，VB 把这种逻辑部件称为过程。

在前面各章中，已多次见过事件过程，这样的过程是当发生某个事件（如 Click、Load）时，对该事件作出响应的程序段，这种事件过程构成了 VB 程序的主体。有时候多个不同的事件过程可能需要使用一段相同的程序代码，因此可以把这一段代码独立出来，作为一个过程，这样的过程叫"通用过程"（General Procedure），它可以单独建立，供事件过程或其他通用过程调用。

在 Visual Basic 中过程分为四类。

（1）Sub 过程（子程序过程）：无返回值，通过程序调用而执行。

（2）事件过程：是一种特殊的 Sub 过程无返回值，通过程序调用和事件触发而执行。

（3）Function 过程（函数过程）：有返回值，通过程序调用而执行。

（4）Property 过程（属性过程）：用于为对象添加属性，应用于制作 ActiveX 场合。

通用过程包含 Sub 过程和 Function 过程，本章主要讨论通用过程的建立和调用。

任务 1：了解事件过程的建立与调用，掌握 Sub 过程的建立与调用，并会在应用程序中灵活使用 Sub 过程解题。

7.1.1　Sub 过程的建立

过程在使用之前必须进行定义，其实质是包含在 Sub 和 End Sub 之间的若干行语句，完成某个特定的功能。一般格式如下：

> [Static][Public|Private] Sub　过程名 ([参数列表])
>
> 　　[局部变量和常量声明]
>
> 　　语句块
>
> 　　[Exit Sub]
>
> 　　语句块
>
> End Sub

其说明如下。

（1）Sub 过程以 Sub 语句开头，以 End Sub 结束，在 Sub 与 End Sub 之间是描述过程操作的语句块，称为"过程体"或"子程序体"。过程体的第一部分是过程的声明段，可以用 Dim 或 Static 声明过程的局部变量和常量。

（2）End Sub 标志着 Sub 过程的结束。

> Sub 过程的定义不允许嵌套，即在一个 Sub 过程中不可以再定义 Sub 过程或 Function 过程。

注意

（3）Public|Private 选项说明过程的作用域。Public 为前缀说明 Sub 过程是公有过程，在应用程序的任何模块中都可调用它。Private 为前缀说明 Sub 过程是私有过程，只能被本模块的事件过程或其他过程调用。若缺省 Public|Private 选项，则系统默认为 Public。

（4）以 Static 为前缀，说明该过程中的局部变量为"静态"变量；如省略 Static，则过程中的局部变量认为是"自动"的。

（5）过程名。过程名的命名规则与变量的命名规则相同。在同一个模块中，过程名必须唯一。过程名不能与模块级变量同名，也不能与调用该过程的调用程序中的局部变量同名。

（6）参数列表。参数列表中的参数称为形式参数，简称形参，它可以是变量名或数组名。

若有多个参数时，参数之间用逗号隔开。不含参数的过程称为无参过程。每个参数的格式为：

[ByVal][ByRef] [变量名[( )]As 数据类型]

其中：

① ByVal：表明其后的形参是按值传递参数或称为"传值"（Passed by Value）参数。

② ByRef：表明其后的形参是按地址传递参数或称为"引用"（Passed by Reference）参数，若形式参数前缺省 ByVal 或 ByRef 关键字，则这个参数一定是引用参数。

③ 变量名[( )]：变量名为合法的 VB 变量名或数组名。若变量名后无括号，则表示该形参是普通变量，否则是数组。

④ As 数据类型：该选项用来说明形参变量类型，若缺省，则该形参是"变体变量"（Variant）。

> **注意**　VB 过程可以没有参数，但一对圆括号不可以省略。

1．事件过程

VB 程序是事件驱动的，所谓事件，就是指能被对象（窗体和控件）识别的动作。例如，用户单击鼠标和按键都会产生一个事件。另外，系统也会产生事件（如定时事件）。我们可以为一个事件编写程序代码，使应用程序中的对象按程序指定的方式作用，这样的过程称为事件过程。

事件过程分为窗体事件过程和控件事件过程两种。

窗体事件过程的一般形式如下：

```
Private   Sub Form_事件名 ([参数列表])

    [局部变量和常量声明]

    语句块

End Sub
```

控件事件过程的一般形式如下：

```
Private   Sub 控件名_事件名 ([参数列表])

    [局部变量和常量声明]

    语句块

End Sub
```

其说明如下。

（1）窗体事件过程名由"Form"、下划线和事件名组合而成。如果使用多文档界面（MDI）窗体，则由"MDIForm"、下划线和事件名构成窗体事件过程名。而控件事件过程名由控件名、下划线和事件名组成。组成控件事件过程名中的控件名必须与窗体中的某个控件匹配，否则 VB 将认为它是一个通用过程。

（2）每个事件过程名前都有一个"Private"的前缀，这表明该事件过程不能在它自己的窗体模块之外调用。它的使用范围是模块级的，也就是私有的。

（3）事件过程有无参数完全由 VB 提供的具体事件本身所决定，用户不可以随意添加。

例如，在运行程序时将窗体标题设为"VB 程序设计示例"，可编写如下窗体事件过程：

```
Private   Sub Form_Load ()

    Form1.Caption=" VB 程序设计示例"

End Sub
```

又如，在窗体中添加了一个名为 Command1 的命令按钮控件，当用户单击它时关闭程序。则编写如下控件事件过程：

```
Private   Sub Command1_Click ()
        End
    End Sub
```

2．通用 Sub 过程

通用 Sub 过程即子程序过程与对象无关，是用户创建的一段共享代码，具有过程名，供其他过程调用。通用 Sub 过程的名称由用户自己命名，不属于任何一个事件过程，因此不能放在事件过程中。

建立通用 Sub 过程框架的方法有如下两种。

方法一：操作步骤如下。

（1）打开模块的代码编辑器窗口。

（2）执行"工具"菜单的"添加过程"命令，打开"添加过程"对话框，如图 7-1 所示。

（3）在"名称"框内输入要建立的过程名称（如 Print_Star）；在类型栏内选择要建立的过程类型，如"子程序"；在范围栏中选择要建立过程的作用域，如"公有的"。

（4）单击"确定"按钮，回到模块代码窗口，如图 7-2 所示。

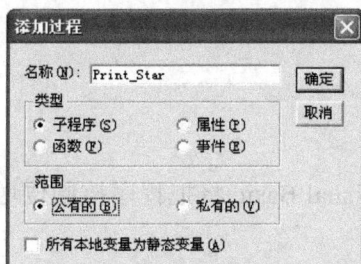

图 7-1　"添加过程"对话框

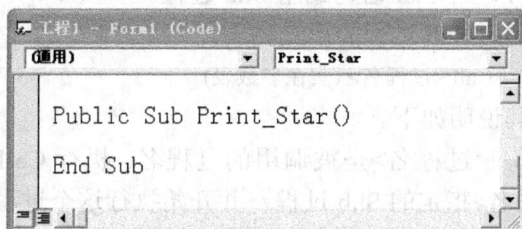

图 7-2　模块代码窗口

此时可以在 Sub 和 End Sub 之间输入程序代码（与事件过程的代码输入相同）。

方法二：在代码窗口的"对象"下拉列表中选择"通用段"，输入过程名。如：

```
                Sub Print_Star()
```

按 Enter 键后，系统自动添加 End Sub，形成一个完整的过程头和尾：

```
                Sub Print_Star()
                End Sub
```

这就建立了一个全局的通用过程 Print_Star，Sub 前省略了 Public。

> 　　　通用过程可以在标准模块中建立，也可以在窗体模块中建立，而事件过程只能在窗体模块中建立。

7.1.2　调用 Sub 过程

1．通用 Sub 过程的调用

通用 Sub 过程必须在事件过程或其他过程中显式调用，否则过程代码就永远不会执行。

在调用程序中程序执行到调用某通用 Sub 过程的语句，系统就会将控制转移到被调用过程。在被调用的过程中，从 Sub 语句开始，依次执行其中的所有语句，执行到 End Sub 或 Exit Sub 语句后，返回主调程序的断点，并从断点处继续程序的执行。调用通用 Sub 过程的执行流程如图 7-3 所示。

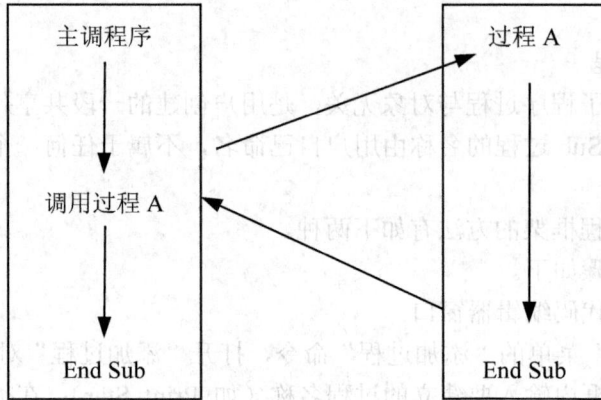

图 7-3　Sub 过程调用流程

调用通用 Sub 过程有两种方式：一种是用 Call 语句；另一种是把过程名作为一个语句来使用。

（1）用 Call 语句调用 Sub 过程。

调用 Sub 过程的形式如下：

　　Call <过程名> (实在参数表)

其说明如下。

① <过程名>是被调用的过程名。执行 Call 语句，Visual Basic 将把程序控制传送给由<过程名>指定的 Sub 过程，并开始执行这个过程。

② 实在参数是传送给被调用 Sub 过程的变量、常数或表达式。在一般情况下，实在参数的个数、类型和顺序应与被调用过程的形式参数匹配。如果被调用过程是一个无参过程则括号可以省略。

如调用前述 Print_Star 过程可使用如下语句：

　　Call Print_star()

（2）把过程名作为一个语句来调用。

调用过程的形式如下：

　　过程名　实在参数表

与第一种方式相比，它有两点不同。

① 不需要关键字 Call。

② 实在参数表不需要加括号。

调用前述 Print_Star 过程可使用如下语句：

　　Print_star

2．调用事件过程

事件过程由一个发生在 Visual Basic 中的事件来自动调用或者由同一模块中的其他过程显式调用。调用方式与通用过程的调用方式相同。

一般来说，通用过程（包括 Sub 过程、Function 过程）之间，事件过程之间，通用过程与事件过程之间都可以相互调用。请看一个说明它们之间相互调用的例子。

【例 7.1】　判断两数之和是奇数还是偶数，并输出。程序代码如下：

```
Private Sub Form_Click()
    Dim a As Integer, b As Integer, c As Integer
    a = InputBox("输入数 a")
    b = InputBox("输入数 b")
    print a; "+" ;b; "=";
    Call Sub1(a,b)                          '在事件过程中调用自定义过程 Sub1()
End Sub
Private Sub Sub1(ByVal x As Integer,ByVal y As Integer)
    Dim z As Integer
    Call Add(x,y,z)                         '在自定义过程 Sub1 中调用自定义过程 Add()
    If z Mod 2 = 0 Then
        Print z & "为偶数"
    Else
        Print z & "为奇数"
    End If
End Sub
Private Sub Add (ByVal a As Integer, ByVal b As Integer, c As Integer)
    c = a + b
End Sub
```

Add 过程中有 3 个参数，a、b 是值传递用于向过程传递输入的 2 个数；c 是按地址传递用于返回两数之和。

Sub1 过程有 2 个值传递参数，向过程传递输入的 2 个数。通过调用 Add 过程求得两数之和，并将判断结果直接显示在窗体上。

Form_Click 是事件过程，通过鼠标单击窗体触发该过程，该过程中调用 Sub1 过程，Sub1 过程调用 Add 过程，得到最终结果。若输入 2 和 5，则程序运行结果为：2+5=7 为奇数。

3．调用其他模块中的过程

在应用程序的任何地方都能调用其他模块中的公有（全局）过程。如何调用其他模块中的公有过程，格式与通用过程调用一致，不同的是过程名的构成。

（1）调用窗体模块中的公有过程。

从窗体外部调用窗体中的公有过程，必须用窗体名作为被调用公有过程名的前缀，指明包含该过程的窗体模块。假定在窗体模块 Form1 中有一个 Sub 过程 Prime，则在其他模块中用如下语句就可正确调用该过程：

　　Form1.Prime ([实在参数表])

（2）调用标准模块中的公有过程。

如果标准模块中的公有过程的过程名是唯一的，即在应用程序中不再有同名过程存在，则调用该过程时不必加标准模块名。如果在两个以上的标准模块中都含有同名过程，那么调用同一模块内的公有过程时，可以不用模块名；如果在其他模块中调用公有过程，则必须用模块名作为它的前缀，以指定它是哪个模块中的公有过程。

如两个标准模块 Module1 和 Module2 中都定义了公有过程 CompSub。在 Module1 中有如下两条调用语句：

```
Call CompSub ([实参表])          '语句 1
Call Module2.CompSub ([实参表])          '语句 2
```

语句 1 中过程名前没有模块名，所以调用的是本模块中的公有过程；语句 2 中指定模块名为 Module2，调用的是 Module2 模块中的公有过程。

7.1.3　课堂实例 1——定时器

【实例学习目标】

该实例中编写一个指定延长时间间隔的过程，调用该过程实现定时功能。课堂实例 1 的运行结果如图 7-4 所示，在左图中输入时间间隔以秒为单位，当时间到时弹出如右图所示的消息框。通过该实例的学习掌握过程的定义与调用方式。

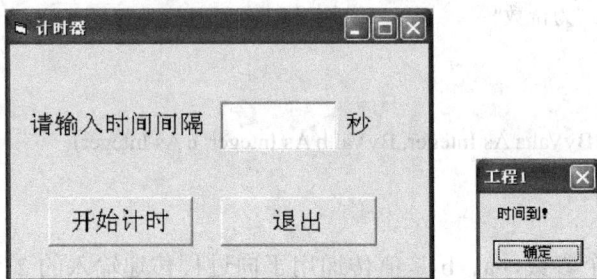

图 7-4　课堂实例 1 运行界面

【实例程序实现】

（1）界面设计。

参考图 7-4 左图设计界面，对象名称使用系统默认。

（2）代码实现。

用 For…Next 函数可以实现时间延迟，但很不精确。这里用 VB 的内部函数 Timer 来编写较为精确的时间延迟过程。

Timer 函数返回系统时间从午夜开始计算的秒数，把 Timer 加上需要延迟的时间（秒）作为循环结束条件，当 Timer 超过这个时间时结束循环，即停止时间延迟。程序如下。

```
Rem 延时过程，DelayTime 要延时的秒数作为形参
Private Sub DelayLoop(DelayTime As Integer)
    Dim LoopFinish As Integer
    Const SecondsInDay = 24& * 60& * 60&
    LoopFinish = Timer + DelayTime
```

```
Rem  当计时开始在午夜 0 点前，而计时结束在午夜 0 点后时
If LoopFinish > SecondsInDay Then
    LoopFinish = LoopFinish - SecondsInDay
    Do While Timer > LoopFinish
    Loop
End If
Rem 当计时在午夜 0 点开始的一天之内
Do While Timer < LoopFinish
Loop
End Sub
Rem    主程序中输入计时间隔，调用延时过程计时
Private Sub Command1_Click()
    Dim n As Integer
    n = Val (Text1.Text)
    DelayLoop n
    MsgBox "时间到！"
    Text1.Text = ""
    Text1.SetFocus
End Sub
```

其说明如下。

（1）本延时程序适用于延时较短的情况，过程中的形参用的是整型变量，如果延时间较长需重新考虑。

（2）基于上面的考虑，一般情况下 Timer 都比 LoopFinish 小，因此用

```
Do While Timer < LoopFinish
Loop
```

来控制时间延迟。

但如果时间延迟在午夜 0 点前，而计时结束在午夜 0 点后时，由于 0 点时 Timer 为 0。延时控制分两部分，先用

```
Do While Timer > LoopFinish
Loop
```

计时到 0 点，0 点后再用上述循环控制。

7.2　Function 过程

第 3 章已介绍了 VB 系统提供的诸多公共函数，如 Sqr、Str、Int 等。用户也可以使用 Function 语句编写自己的函数过程。在这一节介绍 Function 过程的定义和调用。

任务 2：掌握 Function 过程的建立与调用，并会在应用程序中灵活使用 Function 过程解题。

7.2.1 Function 过程的定义

Function 过程定义格式如下：

> [Static][Public|Private] Function 函数名 ([参数列表])[As 数据类型]
>> [局部变量和常量声明]
>> 语句块
>> [函数名=表达式]
>> [Exit Function]
>> 语句块
>> [函数名=表达式]
>
> End Function

其说明如下。

（1）Function 过程应以 Function 语句开头，以 End Function 语句结束。中间是描述过程操作的语句，称为函数体。语法格式中的 Private、Public、Static 以及参数列表等含义与定义 Sub 过程相同。

（2）函数名的命名规则与变量名的命名规则相同。在函数体内，可以像使用简单变量一样使用函数名。

（3）As 数据类型。Function 过程要由函数名返回一个值。使用"As 数据类型"选项，指定函数的类型。缺省该选项时，函数类型默认为"Variant"类型。

（4）在函数体内通过形如"函数名=表达式"的赋值语句给函数名赋值，若在 Function 过程中缺省给函数名赋值的语句，则该 Function 过程返回对应类型的缺省值。例如，数值型函数返回 0，而变长字符串返回空字符串。

（5）在函数体内可以有多个 Exit Function 语句，程序执行 Exit Function 语句时，将退出 Function 过程返回到调用点。

（6）Function 过程与 Sub 过程一样，在其内部不得再定义 Sub 过程或 Function 过程。

【例 7.2】 编写一个判断一个正整数是否为素数的函数过程。

```
Private Function Prime(n As Integer) As Boolean
    Dim i As Integer
    For i=2 To Sqr(n)
        If n Mod i=0 Then Exit For
    Next i
    If i>Sqr(n) Then
        Prime=True
    Else
        Prime=False
    End If
End Function
```

该过程中有一个形式参数，类型为整型，地址传递方式；返回值为逻辑型，若形参是素数函数返回 True，否则函数返回 False。下节介绍如何调用这个过程。

7.2.2　调用 Function 过程

调用 Function 过程的方法与调用 VB 内部函数一样，即在表达式中写出它的名称与相应的实在参数。

调用 Function 过程的形式如下：

　　　　Function 过程名 ([实在参数表])

如 7.2.1 小节所定义 Prime 过程，它有一个整型形式参数，返回值为逻辑型。可在下面的事件过程中调用：

```
Private Sub Form_Click()
    Dim x As Integer,y As Boolean
    x=98
    y=Prime(x)
    If y Then    Print x & "是素数" Else Print x & "不是素数"
End Sub
```

> 注意
>
> 　　调用 Function 过程时，无论有没有参数，过程名后的括号不能省略。Visual Basic 也允许像调用 Sub 过程一样调用 Function 过程，只不过得不到返回值。

7.2.3　课堂实例 2——求组合数

【实例学习目标】

"求组合数"程序是求公式 $C = \dfrac{N!}{M!(N-M)!}$ 的值的程序。其中 N 和 M 由键盘输入。"求组合数"程序运行后的画面如图 7-5 左图所示。在两个文本框中分别输入两个数字后，单击"计算"按钮，即可算出组合数的值，如图 7-5 右图所示。通过这个实例的学习可掌握函数过程的定义及其参数传递方式的选择，并与子程序过程的定义相比较，能在实际应用中有目的地选择使用子程序过程或函数过程。

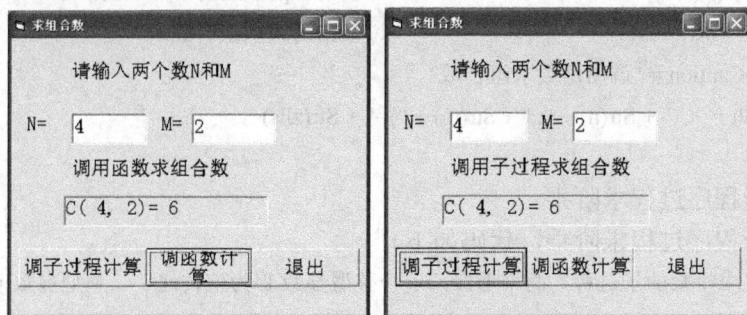

图 7-5　课堂实例 2 运行界面

【实例程序实现】

1．设计程序界面

按照图 7-5 所示的布局添加控件对象。其中文本框 1 命名为 txtN，文本框 2 命名为 txtM，输出组合数值标签命名为 lblResult，3 个命令按钮分别命名为 cmdSub、cmdFun、cmdExit。

2．程序实现

分析求组合数公式，发现有三次求阶乘运算，因此我们将求阶乘的运算定义为函数过程，有一个整型自变量，函数的返回值即为自变量的阶乘，由于阶乘值较大，所以在程序中用长整型表示。代码如下。

（1）运用函数求阶乘。

```
Rem 定义求阶乘的函数过程，定义整型形参 K 为值传递方式，函数返回值为长整型
Private Function hqjc(ByVal k As Integer) As Long
    Dim i As Integer, jc As Long          '定义局部变量
    jc = 1
    For i = 1 To k
        jc = jc * i
    Next i
    hqjc = jc                             '结果赋值给函数名
End Function
```

在"调函数计算"按钮的单击事件过程中编写主程序，输入 N、M 的值，计算组合数的值并输出，代码如下。

```
Rem  调用函数过程的子程序
Private Sub cmdFun_Click()
    Dim n As Integer, m As Integer, nm As Integer, s As String
    Dim n1 As Long, m1 As Long, NM1 As Long, zhs As Integer
    n = Val(txtN.Text)                    '输入 N 的值
    m = Val(txtM.Text)                    '输入 M 的值
    nm = n – m
    n1 = hqjc(n)                          '调用 hqjc 函数求 N 的阶乘
    m1 = hqjc(m)                          '调用 hqjc 函数求 M 的阶乘
    NM1 = hqjc(nm)                        '调用 hqjc 函数求 N–M 的阶乘
    zhs = n1 / m1 / NM1                   '根据公式求组合数
    Label5.Caption = "调用函数求组合数"
    lblResult = "C(" + Str(n) + ", " + Str(m) + ")=" + Str(zhs)
End Sub
```

（2）运用子程序过程求阶乘。

也可以用子程序过程求阶乘，代码如下。

```
Rem 定义求阶乘的子过程，两个形参：一个整型参数 k 为值传递，长整型参数 jc 为地址传递，用于带回阶乘的值
Private Sub zqjc(ByVal k As Integer, jc As Long)
    Dim i As Integer
    jc = 1
    For i = 1 To k
```

```
        jc = jc * i
    Next i
End Sub
Rem 调用子过程的主程序，单击"调过程计算"按钮执行
Private Sub cmdSub_Click()
    Dim n As Integer, m As Integer, nm As Integer, s As String
    Dim n1 As Long, m1 As Long, NM1 As Long, zhs
    n = txtN.Text
    m = txtM.Text
    nm = n − m
    Call zqjc(n, n1)              '调用 zqjc 过程求 N 的阶乘，结果放在实参变量 N1 中
    Call zqjc(m, m1)
    Call zqjc(nm, NM1)
    zhs = n1 / m1 / NM1
    Label5.Caption = "调用子过程求组合数"
    lblResult = "C(" + Str(n) + "," + Str(m) + ")=" + Str(zhs)
End Sub
```

讨论

（1）观察过程与函数的参数的个数及传递方式。

（2）分析调用函数与过程时阶乘的值是如何传递给主调程序中的相关变量的。

以上介绍了 Sub 过程与 Function 过程的定义和调用。VB 应用程序的过程出现在窗体模块和标准模块中。在窗体模块中可以定义和编写事件过程、Sub 过程、Function 过程，而在标准模块中只能定义 Sub 过程、Function 过程。VB 应用程序结构关系如图 7-6 所示。

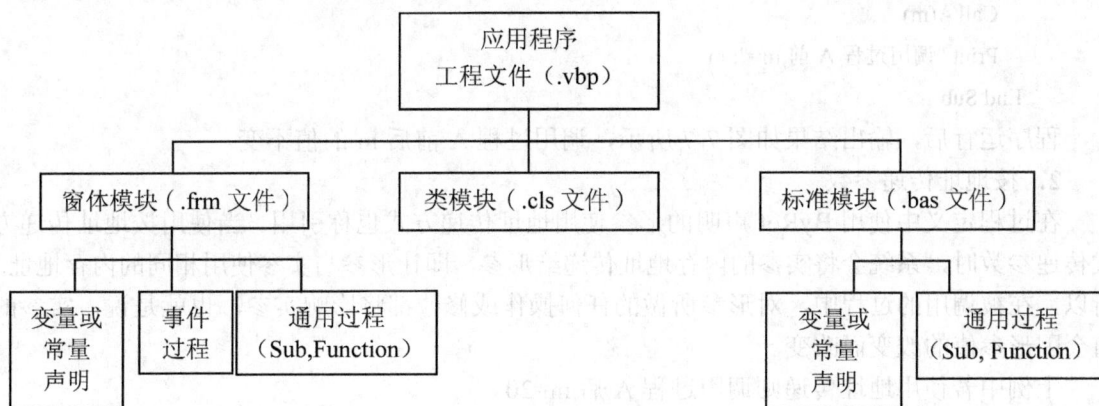

图 7-6 VB 应用程序结构

7.3　参数和变量的作用域

任务 3：了解常用的参数传递方式，掌握值传递与地址传递的区别，在实际应用中，能

根据需要选择不同的参数传递方式。

7.3.1　参数传递方式

在调用一个有参数的过程时，首先进行的是"形实结合"，即按值传递或按地址传递方式，实现调用程序和被调用程序之间的数据传送。通过参数传递，Sub 过程或 Function 过程就能根据不同的参数执行相同的任务。为了叙述方便，本书中将形式参数简称为形参，实在参数简称为实参。

形式参数是出现在过程定义的形参表中的变量名、数组名。实在参数出现在过程调用的实参表中的变量名、数组名、常数或表达式。

在过程调用时，给出的实参与形参要求个数相等、类型兼容、位置一一对应。

在 VB 中，调用过程时，过程参数有两种传递方式。

1．按值传递参数

在过程定义中使用 ByVal 声明的形参使用值传递方式。当使用按值传递方式时，系统传递的只是实参变量的一个副本，如果过程中改变了形参变量的值，则该改变只影响实参变量的副本，而不影响实参变量的原始值，即过程中对形参的任何操作不会影响实参。

【例 7.3】　值传递示例。

```
Private Sub A(ByVal x As Integer)
    x = x + 10
End Sub


Private Sub Form_Click()
    Dim m As Integer
    m = 10
    Print "调用过程 A 前 m="; m
    Call A(m)
    Print "调用过程 A 前 m="; m
End Sub
```

程序运行后，输出结果如图 7-7 所示，调用过程 A 前后 m 的值不变。

2．按地址传递参数

在过程定义中使用 ByRef 声明的形参使用地址传递方式也称引用。当使用按地址传递方式传递参数时，系统会将实参的内存地址传递给形参，即让形参与实参使用相同的内存地址。所以，在被调用的过程中，对形参所做的任何操作或修改都将影响实参，也就是说，实参的值会因形参值的改变而改变。

上例中若使用地址传递则调用过程 A 后 m=20。

【例 7.4】　自定义一个过程，实现两个数的交换。

其程序代码如下。

```
Private Sub Swap(ByRef x As Integer, ByRef y As Integer)
    Dim z As Integer
    Print "交换前 x="; x; ",y="; y
    z = x
```

```
        x = y
        y = z
        Print "交换后 x="; x; ",y="; y
    End Sub

    Private Sub Form_Click()
        Dim a As Integer, b As Integer
        a = 10
        b = 20
        Print "交换前 a="; a; ",b="; b
        Call Swap(a, b)
        Print "交换后 a="; a; ",b="; b
    End Sub
```

程序运行后，输出结果如图 7-8 所示。

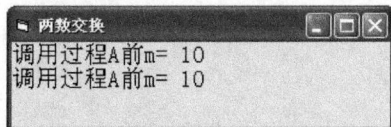

图 7-7　例 7.3 运行结果　　　　　　　　　图 7-8　例 7.4 运行结果

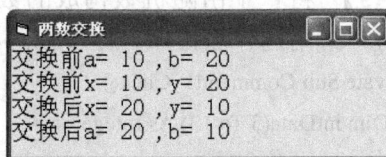

第 2、3 行输出是 Swap 过程中形参 x、y 的值，交换前后 x、y 的值改变了。第 1、4 行为主调过程 Form_Click 中实参的输出，交换后实参 a、b 的值与形参 x、y 的值一致，即形参的改变影响了实参。

分析课堂实例 2 中求阶乘的两个自定义过程。

（1）过程定义。

求变量 k 的阶乘，k 的阶乘是一个具体的值，很显然使用函数过程比较合适，过程头部如下：

```
        Private Function hqjc(ByVal k As Integer) As Long
```

k 作为自变量，函数的返回值就是 k 的阶乘。

如使用 Sub 过程，如何返回阶乘的值是关键，根据地址传递参数的特征——形参的改变会影响实参，可以定义一个地址传递的形参，在 Sub 过程中存放阶乘的值。过程头部如下：

```
        Private Sub zqjc(ByVal k As Integer, jc As Long)
```

（2）过程调用。

设求整型变量 N 的阶乘，阶乘值放在长整型变量 N1 中。

Function 过程调用：N1= hqjc(N)。

Sub 过程调用：zqjc（N，N1）。

其说明如下。

① 形参定义缺省 ByRef 或 Byval 时系统默为 ByRef。

② 当使用地址传递方式时，实参必须显式声明，且与形参类型一致。

（3）在过程调用中，形参与实参在"形实结合"时的形态对应关系如表 7-1 所示。

表 7-1	"形实结合"时形参与实参的形态对应关系
形 参	实 参
变量	变量，常量，数组元素，表达式，对象
数组名()	数组名

（4）当实参是常量或表达式时，无论过程定义中形参前有没有加 ByVal 修饰，"形实结合"时都将使用按值传递方式。

3．数组参数

定义过程时，VB 允许把数组作为形式参数，声明数组参数的格式如下：

　　　形参数组名( )[As 数据类型]

形参数组只能是按地址传递的参数。对应的实参也必须是数组，且数据类型必须与形参数组的数据类型相同，实参数组的格式如下：

　　　实参数组名[( )]

括号可省略。在过程中可用 LBound 和 Ubound 求数组的下标的下界和上界。

【例 7.5】 将一个由随机数构成的数值型一维数组按升序排序输出，排序在通用过程 Sort 中进行，采用选择法排序。程序代码如下：

```
Private Sub Command1_Click()
    Dim intData(3 To 13) As Integer
    Dim i As Integer
    Print "排序前："
    For i = 3 To 13
        intData(i) = Int(Rnd * 100)
        Print intData(i);
    Next
    Print
    Call sort(intData)
    Print "排序后："
    For i = 3 To 13
        Print intData(i);
    Next
End Sub
Private Sub sort(a() As Integer)
    Dim i As Integer, j As Integer, k As Integer
    For i = LBound(a) To UBound(a)
        For j = i + 1 To UBound(a)
            If a(i) > a(j) Then
                k = a(i)
                a(i) = a(j)
                a(j) = k
            End If
```

```
        Next
      Next
    End Sub
```

结果如下。

排序前：

70　53　57　28　30　77　1　76　81　70　4

排序后：

1　4　28　30　53　57　70　70　76　77　81

> 小技巧
>
> 在实际使用中，开始定义时一律都将形参定义为值传递方式，在调试没问题的情况下，再根据需要改成地址传递。

> 注意
>
> 在 VB 中实参的个数可以比形参少，可参考"可选参数"的相关内容。

7.3.2　变量的作用域

VB 程序由 3 种模块组成，即窗体模块（Form）、标准模块（Module）和类模块（Class）。类模块在本书中不做要求。窗体模块包括事件过程、通用过程、和声明部分；而标准模块由通用过程和声明部分组成。变量是过程中必不可少的元素，一个变量、子程序或函数过程随所处的位置不同，可被访问的范围也不同。变量或过程可被访问的范围称为变量或过程的作用域。

1．变量的作用域

根据变量位置和所使用的变量定义语句不同 VB 中的变量可分为 3 类，即局部变量、窗体/模块级变量及全局变量。

（1）局部变量。

在过程内用 Dim、Static 语句声明或不加声明直接使用的变量叫做局部变量。其作用域是它所在的过程，又称为过程级变量。不同过程中可以有名称相同的变量，它们之间彼此互不干扰。

例如，

```
Private Sub Command1_Click()
    Dim intA As Integer
    Static logB As Long
    strS="Visual Basic"
    …
End Sub
```

在上面的过程中有 3 个局部变量、整型变量 intA、静态长整型变量 logB、未声明直接使用的变量 strS。

> 注意
>
> 过程的形参变量是局部变量。

Dim、Static 语句声明的局部变量的区别如下。

① Dim 声明的局部变量叫自动变量，随过程的调用而分配存储单元，一旦该过程结束运行，变量的内容自动消失，占用的存储空间自动释放。

② Static 声明的局部变量叫静态变量，在整个程序运行过程中，其内容不会消失，占用的存储空间不会释放，只有当应用程序结束时，其内容才会消失，占用的存储空间才会释放。但静态变量的作用域仅局限于定义它的过程。当一个过程被多次调用时，静态局部变量的值具有连续性。

【例 7.6】 统计某过程被调用次数。

分析：在过程中定义一静态局部变量，并进行计数。

```
Private Sub Increment()
    Static n As Integer
    n = n + 1
    Print "第" & n & "次调用过程!"
End Sub
Private Sub Form_Click()
    Dim i As Integer
    For i = 1 To 10
        Call Increment
    Next
End Sub
```

结果为：

```
第 1 次调用过程!
第 2 次调用过程!
    ⋮
第 10 次调用过程!
```

用于计数的静态变量在定义的过程中不能进行初始化，否则就失去意义了。

（2）窗体/模块级变量。

窗体/模块级变量指在窗体或模块的通用声明段中用 Dim 或 Private 语句声明的变量，可被本窗体或模块中的任何过程访问，但对其他窗体或模块中的代码不可见。

下面的程序段是一个访问模块级变量的例子。

```
Dim strTest As String
Private Sub Command1_Click()
    Print
    Print "在过程 command1_Click 中 strTest="; strTest
End Sub
Private Sub Form_Load()
    strTest = "测试变量作用域"
End Sub
```

本例中程序在两个过程外的通用声明段中声明了变量 strTest,当程序运行时首先激活 Form_Load 事件过程,对 strTest 初始化,接着单击命令按钮 Command1,激活 Comand1_Click 事件过程,显示 strTest 的值,结果如图 7-9 所示。从上例可知模块级变量的作用域是整个模块。

(3)全局变量。

全局变量指在通用声明段中用 Public 语句声明的变量,即公用变量。可以被工程中的每个

模块中的每个过程访问。全局变量的值在整个应用程序执行过程中不会消失,只有当整个应用程序执行完毕时,全局变量才会消失。

在标准模块中声明的全局变量,在应用程序的任何一个过程中都可以直接用它的变量名来引用它。而在窗体模块中声明的全局变量被其他模块的过程引用时,必须用定

图 7-9 测试变量作用域界面

义它的窗体模块名作为全局变量的前缀,方能正确地引用它。如在窗体模块 Form2 中用 Form1.pf 的格式引用窗体 Form1 中定义的全局变量 pf。

3 种变量的作用域、声明位置、使用语句的比较如表 7-2 所示。

表 7-2　　　　　　　　　　　　　　　变量的作用域

名　　称	作　用　域	声　明　位　置	使　用　语　句
局部变量	过程	过程中	Dim, Static
窗体/模块级变量	窗体模块或标准模块	模块的通用声明段	Private, Dim
全局变量	整个应用程序	模块的通用声明段	Private, Public

2.过程的作用域

在 VB 中过程和变量一样有作用域。过程的作用域与它们所处的位置及定义方式有关。用 Private 声明的过程具有模块级作用域,这些过程只能被本模块中的过程调用;而系统默认的或用 Public 声明的过程具有全局级作用域,它们可以被整个应用程序中的过程调用。

全局级过程根据所处位置不同,其调用方式也有区别,其区别有以下两种。

(1)如果是在窗体中定义的过程,那么当外部过程调用它时,必须在过程名前加上定义该过程的窗体名。其调用形式为:

　　　Call 窗体名.要调用的过程名([实参表])

(2)如果是在标准模块中定义的过程,且在整个应用程序中唯一,那么所有的外部过程都可直接用过程名调用该过程。如果过程名不唯一,则要加模块名作前缀。

7.4　鼠标和键盘事件

鼠标事件与键盘事件是 Windows 环境下两种最主要的外部事件驱动方式,VB 应用程序能响应多种鼠标事件和键盘事件。

任务 4:了解鼠标与键盘事件,掌握基本的鼠标键盘事件的应用,会编写相应的事件处理程序,灵活运用鼠标键盘事件绘制简单的图形。

7.4.1 鼠标事件

1. 3 个基本的鼠标事件

鼠标事件是由鼠标动作而引起的。3 个基本的鼠标事件如下。

（1）MouseDown：按下鼠标按键时发生。

（2）MouseUp：释放鼠标按键时发生。

（3）MouseMove：移动鼠标时发生。

由上述 3 个基本事件可以复合出 Click、DblClick、DragDrop（拖曳）、DragOver（拖曳）事件。例如，DragDrop 相当于 MouseDown、MouseUp 和 MouseMove 的组合。

MouseDown 事件过程的语法格式：

Private Sub 对象名_MouseDown(Button As Integer,Shift As Integer,X As Single,Y As Single)

MouseUp 事件过程的语法格式：

Private Sub 对象名_MouseUp(Button As Integer, Shift As Integer, X As Single, Y As Single)

MouseMove 事件过程的语法格式：

Private Sub 对象名_MouseMove(Button As Integer,Shift As Integer,X As Single,Y As Single)

上述事件过程适用于窗体和大多数控件，包括复选框、命令按钮、单选按钮、框架、文本框、图片框、图像框、标签、列表框等。

3 个鼠标事件过程具有相同的参数，含义如下。

（1）Button 参数设定鼠标键状态，该参数是一个整数（16 位二进制）。在设置按键状态时，实际只使用了低三位（见图 7-10）。其中最低位表示左键，右数第 2 位表示右键，第 3 位表示中间键。当按下某个键时，相应的位被置 1，否则为 0。

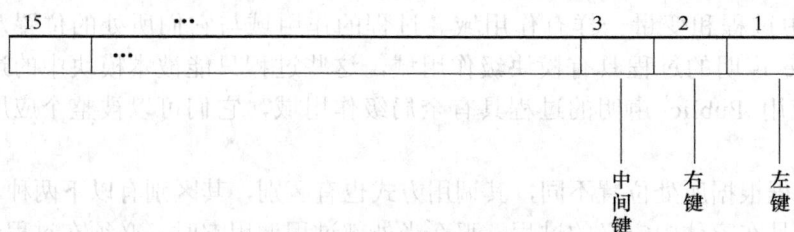

图 7-10 Button 参数设置

用 3 个二进制位表示不同按键的状态，如表 7-3 所示。

表 7-3 **Button 参数的状态说明**

Button 参数值	状 态 说 明
000（十进制 0）	未按任何键
001（十进制 1）	左键被按下
010（十进制 2）	右键被按下
011（十进制 3）	左、右键同时按下
100（十进制 4）	中间键被按下
101（十进制 5）	同时按下左、中间键
110（十进制 6）	同时按下右、中间键
111（十进制 7）	三键同时按下

　　有些 Windows 鼠标驱动程序只能识别左、右键，不能识别中间键，这时表 7-3 中的后 4 个参数值不能使用。

　　MouseDown 与 MouseUp 事件中，Button 参数要精确地指出每一个按键的当前状态；MouseMove 事件中，Button 参数指出所有按键的当前状态。

　　（2）Shift 表示 Shift、Ctrl 和 Alt 3 个键的状态，称为转换参数。与 Button 一样也是一个 16 位整数，并用其低三位表示 Shift、Ctrl 和 Alt 3 个键的状态，某键被按下使得一个二进制位被设置，如图 7-11 所示。

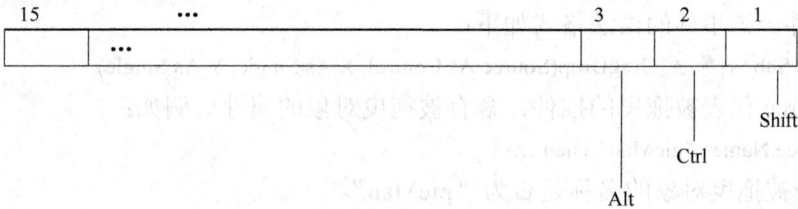

图 7-11　Shift 参数设置

　　（3）X 和 Y 参数返回当前鼠标指针的位置。（X，Y）通常指接收鼠标事件的窗体或控件上的坐标。

　　【例 7.7】　用 PSet 语句在窗体上画图和擦除。按下鼠标左键移动时画图，按下鼠标右键移动时用背景色画图即擦除。

```
Private Sub Form_Load()
    DrawWidth = 2                                            '使用加宽的刷子
End Sub


Private Sub Form_MouseMove(Button As Integer, Shift As Integer, X As Single, Y As Single)
    If Button = 1 Then                                      '按住左键画图
    ForeColor = RGB(0, 0, 255)
    PSet (X, Y)
    ElseIf Button = 2 Then                                  '按住右键擦除
    ForeColor = BackColor
    PSet (X, Y)
    End If
End Sub
```

　　PSet 是画点语句，用它可以在（X，Y）处画一个点。

　　2．鼠标拖曳事件

　　按下鼠标按键并移动的操作称为拖曳（Drag），到达目的地后释放鼠标按键的操作称为放下（Drop），拖曳和放下组成了拖曳操作（DragDrop）。

　　在实现拖曳操作时，首先应明确源和目标。"源"是被拖曳的对象，可以是除了 Menu、Timer、Line 和 Shap 以外的其他控件。"目标"是源控件放下或经过的操作，可以是窗体或控件。只有目标对象能响应拖曳事件。

VB 为实现鼠标的拖曳操作，提供了相关的属性、事件和方法。常用的如下。

（1）DragMode 属性。

该属性用于设置拖曳模式：DragMode=1(vbAutomatic)，为自动拖曳模式；DragMode=0(vbManual)为手工拖曳模式。

在自动拖曳模式下，用户可以在任何时候拖曳控件，在拖曳时显示被拖曳对象的轮廓。而手工拖曳模式由用户指定何时开始拖曳、何时结束拖曳。

在自动拖曳操作发生时，正在被拖曳的控件不响应 MouseDown 和 Click 事件。

（2）DragDrop 事件。

当拖曳一个控件到目的位置并释放鼠标按键时，在目标对象上（不是被拖的对象）触发 DragDrop 事件。该事件的语法格式如下：

    Private Sub 对象名_DragDrop(Source As Control, X As Single, Y As Single)

其中 Source 代表被拖曳的控件，含有被拖曳对象的属性。例如：

    If Source.Name= "picMan" Then …

用来判断被拖曳对象的名称是否为"picMan"。

X 和 Y 表示鼠标指针的当前位置。

（3）DragOver 事件。

拖曳控件越过一个控件时，在目标对象上触发 DragOver 事件。该事件过程的语法格式如下：

    Private Sub 对象名_DragOver(Source As Control, X As Single, Y As Single, State As Integer)

其中 Source、X 和 Y 参数的含义同 DragDrop 事件，State 参数表示被拖控件与目标对象之间的相对位置关系，如表 7-4 所示。

表 7-4　　　　　　　　　　　　DragOver 事件中 State 参数的含义

参　数　值	VB 常数	含　　　义
0	vbEnter	进入状态：鼠标光标刚进入目标对象的边界
1	vbLeave	离开状态：鼠标光标正离开目标对象的边界
2	vbOver	越过状态：鼠标光标正位于目标对象的边界内

（4）Drag 方法。

该方法用于启动或停止手工拖曳，语法格式如下：

    ［对象］.Drag <动作参数>

不管控件的 DragMode 属性如何设置，都可用 Drag 方法来人工启动或停止一个拖曳过程。动作参数的取值为 0、1、2，其含义分别为：

0——取消指定控件的拖曳，不触发 DragDrop 事件；

1——开始拖曳；

2——停止拖曳，在结束拖曳的同时，触发 DragDrop 事件。

7.4.2　键盘事件

键盘是计算机的标准输入设备，键盘事件由键盘按键产生。

Visual Basic 中的窗体和接收键盘输入的控件可以响应 3 种键盘事件。

KeyPress 事件：按键事件，按下和释放一个 ASCII 字符键时触发。

KeyDown 事件：键的按下事件，按下键盘上任意键时触发。

KeyUp 事件：键的释放事件，释放键盘上任意键时触发。

1．KeyPress 事件

当按下任何可打印的键盘字符时将触发 KeyPress 事件。该事件的语法格式如下：

  Private Sub 对象名_KeyPress(KeyAscii As Integer)

其说明如下。

（1）对象指任何可接收键盘输入的窗体或控件。

（2）参数 KeyAscii 返回按键的 ASCII 代码。如果将 KeyAscii 设为 0，则取消键盘输入，即对象无法接收用户的输入。

【例 7.8】 设窗体上有一个文本框 txtTest，编写如下事件过程，则该文本框只能接收 "0" ～ "9" 的数字字符。如果输入了其他字符，则响铃（Beep），并且取消该字符。

```
Private      Sub   txtTest_KeyPress(KeyAscii As Integer)
        If   KeyAscii<=Asc("0") and KeyAscii>=Asc("9")   then
                Beep
                KeyAscii=0
        End If
    End Sub
```

（3）在默认情况下，控件的键盘事件优先于窗体的键盘事件，因此在发生键盘事件时，总是先激活控件的键盘事件。如果希望窗体先接收键盘事件，则必须把窗体的 KeyPreview 属性设置为 True。

2．KeyDown 事件和 KeyUp 事件

KeyDown 事件在按下键时触发，KeyUp 事件在松开键时触发。这两个事件过程的语法如下：

  Private Sub 对象名_KeyDown(KeyCode As Integer, Shift As Integer)

  Private Sub 对象名_KeyUp(KeyCode As Integer, Shift As Integer)

其说明如下。

（1）参数 KeyCode 返回所按键的代码值，反映物理键码，同一个键上的码（如 5 和%以及大小写）是不区分的。

（2）Shift 参数同鼠标事件中的 Shift 参数一样，返回一个整数值，指示 Shift、Ctrl 和 Alt 键的状态。

（3）KeyPress 事件返回的是字符的 ASCII 码；而 KeyDown / KeyUp 事件返回按键的代码。

> **提示**   KeyPress 事件根据字符 ASCII 码区分大小写，而 KeyDown / KeyUp 事件则根据 Shift 参数区分大小写。

7.4.3　课堂实例 3——我的画图

【实例学习目标】

"我的画图"程序，运行结果如图 7-12 所示，该程序可以显示当前坐标位置，并有绘画

和擦除功能。当单击"画图"按钮，在 Picture1 中按下鼠标左键就可以画线和写字，释放鼠标后停止。单击"擦除"按钮可通过画一个圆将图像擦除。通过该实例的学习掌握鼠标事件的应用及属性的设置。

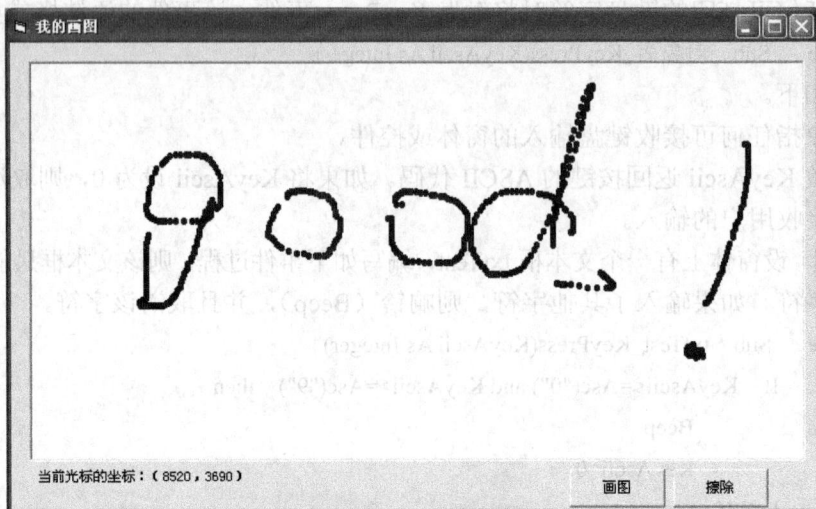

图 7-12 "我的画图"运行界面

【实例程序实现】

1. 界面设计

参考图 7-12 在窗体上添加一个图片框、一个标签、两个命令按钮；图片框背景设为白色，标签的 AutoSize 属性设为 True，两个命令按钮为控件数组；对象名取系统默认值。

2. 具体代码如下

```
Dim f As Integer                  '记录当前按下的按钮，0 是"画图"按钮，1 是"擦除"按钮
Private Sub Picture1_MouseMove(Button As Integer, Shift As Integer, X As Single, Y As Single)
If Button = 1 Then                '按下左键画图
    If f = 0 Then
    Picture1.DrawWidth = 5
    Picture1.ForeColor = RGB(0, 0, 255)
    Picture1.MouseIcon = LoadPicture(App.Path & "\pencil.cur")
    Picture1.PSet (X, Y)
    Label1.Caption = "当前光标的坐标：（" & X & "，" & Y & "）"
    Else
    Picture1.MouseIcon = LoadPicture(App.Path & "\bullseye.cur")
    Picture1.DrawWidth = 20
    Picture1.ForeColor = Picture1.BackColor
    Picture1.PSet (X, Y)
    Label1.Caption = "当前光标的坐标：（" & X & "，" & Y & "）"
    End If
```

```
        End If
    End Sub
```

思考与练习

1．过程有几种？VB 程序主要由哪个过程构成？

2．在过程中声明的用 Dim 声明的局部变量与用 Static 声明的局部变量有什么不同？

3．在 VB 程序中调用程序向过程传递数据有哪几种方式？有什么不同？

4．VB 中为实现拖曳操作提供了哪些相关属性、事件与方法？

5．简述 KeyPress 事件与 KeyDown/KeyUp 事件的不同。

6．找出自然数 2～1000 所有的素数并放入数组 Prime 中，按每行 6 个的格式在窗体上显示。要求判断一个数是否为素数用一个函数过程实现。

7．计算 $e = 1 + \dfrac{1}{1!} + \dfrac{1}{2!} + \cdots + \dfrac{1}{10!}$ 的值，其中求阶乘的计算用一个函数过程实现。

8．编写一个冒泡法排序的通用过程。

【课外实践与拓展】

1．验证思考与练习 6、7、8 所编写的程序。

2．参照课堂实例 3，设计一个"我的目标"程序。设计一个窗体，以如图 7-13 的方式显示一个图像，用户可以使用上下左右光标键移动该图像，但不能将图像移出窗体，同时显示用户在窗体上按键对应的 KeyCode 码。

图 7-13　"我的目标"运行界面

第 8 章 文件

【学习导航】

学 习 目 标	知 识 要 点	能 力 要 求
文件类型	文件的结构和类型	掌握几种不同类型文件的结构和数据组织形式
文件系统控件	(1) 驱动器列表框的使用 (2) 目录列表框的使用 (3) 文件列表框的使用	能正确且熟练地使用 3 种控件的属性和事件
文件操作	(1) 顺序文件的读写操作 (2) 随机文件的读写操作	能够在自己所设计的应用程序中实现对顺序文件和随机文件数据的读写操作
通用对话框	通用对话框控件的基本属性	学会利用通用对话框控件实现对文件的简单操作

【教学重点】

了解文件的结构和类型，掌握常用文件控件的属性、方法和事件，能够编写程序对文件中数据进行读写，利用通用对话框控件实现文件的打开和保存操作。

【学习任务】

本章的主要任务描述如下。

➢ 了解文件的结构和类型，熟悉不同类型文件数据的组织形式。

➢ 掌握 3 种文件系统控件（驱动器列表框、目录列表框、文件列表框）的属性、方法和事件，利用文件系统控件实现对图像文件的浏览。

➢ 掌握顺序文件中数据的读写方法，编写程序读取文件中人员的联系方式，实现"通讯录"的查阅功能。

➢ 掌握随机文件的读写方法，熟悉常用的文件处理函数和语句，利用通用对话框编写简单的文本编辑软件"我的记事本"。

8.1 文件结构与分类

任务 1：了解文件的结构和类型，熟悉不同类型文件数据的组织形式。

文件是程序设计时一个常见的处理对象，是众多数据的集合。在专门的数据库管理系统出现之前，通常计算机所处理的众多数据都以某种类型文件的形式存在于外部存储器上（如硬盘、优盘等），操作系统也以文件作为基本单位实现对数据的管理。也就是说，要想访问某个特定的数据，必须先找到该数据存在的文件，然后再从该文件中读取数据。保存数据时，也必须要明确数据所存在的文件，如果文件不存在，则需要在外存储器中首先创建一个文件，才能向它输出数据。VB 为方便用户实现对文件及文件中数据的操作，提供了丰富的文件处理接口方法，程序员可以利用系统提供的功能开发出功能强大的各类应用程序。

8.1.1 文件的基本概念

1．记录

记录是计算机处理数据的基本单位，由若干相互关联的数据项组成，是由字母、数字和汉字等各种符号或二进制代码组成的序列。

例如，一个学生的成绩信息就可以组成一个记录，如表 8-1 所示。

表 8-1　　　　　　　　　　　　学生成绩表

学　　号	姓　　名	性　　别	VB 程序设计	数据结构	操作系统
10010101	赵敏	女	98	86	84

记录分等长和变长两种。等长记录文件中，每条记录的长度相等，可以通过记录号来访问每条记录。在变长记录文件中，由于每条记录的长度不等，通常很难确定记录的位置。

2．文件

所谓文件是指存放在计算机外部存储器上数据的集合。通常文件由多个性质相同的记录组成。例如，某班有 45 名学生，45 名学生的记录就组成了一个班级学生的信息，并以文件形式存放于磁盘中，我们用文件名将之与别的数据集合加以区别。

8.1.2 文件的分类

根据不同的标准，文件可分为不同的类型。

根据数据的存取方式和结构，一般文件可分为顺序文件和随机文件。

1．顺序文件

顺序文件中记录按顺序依次存放，记录的大小（占用存储空间量）并不固定。在这种文件中，只知道第一个记录的存放位置，要想查找某个数据，必须从文件头开始，一个记录一个记录地顺序读取，直至找到需要的数据。例如，只有在先读取前 N−1 个数据后才能获取第 N 个数据记录。

顺序文件的优点是占用存储空间少，文件的组织结构比较简单，缺点是维护困难，不便于数据的查询和修改操作。

2．随机文件

在随机文件中，每条记录的长度是固定的。记录中每个字段的长度也是固定的。此外，随机文件的每条记录都有一个记录号。在写入数据时，只要指定记录号，就可以把数据直接放入指定位置。而在读取数据时，只要给出记录号，就能直接读取该记录，而不必考虑各条记录的排列顺序或位置，因而能快速地查找和修改每条记录，从而减少对文件的读、写操作，提高了执行效率。

随机文件的优点是数据存取灵活、修改方便、执行效率高。主要缺点是占用空间较大，数据组织较复杂。在随机文件中每条记录中的字段大小固定，由于存放的数据各异，因此需要用可能使用的最大空间作为字段的大小，保证各数据的存放。在记录较多的情况下往往造成了存储资源的巨大浪费。

按照文件的数据编码方式通常可将文件分为文本文件和二进制文件。

1．文本文件

文本文件是指以 ASCII 码方式（也称文本方式）存储的无格式文件，文本文件也是一种典型的顺序文件。我们可以用普通的字处理软件对文件中的数据直接进行编辑。"记事本"就是最常见的文本编辑软件，

2．二进制文件

二进制文件中的数据以二进制形式进行编码存储，用字节数来定位数据，允许程序按所需的任何方式组织和访问数据，并且对文件中各字节数据直接进行存取。二进制文件灵活性较大，一般不用普通的字处理软件进行编辑。事实上，不同类型的二进制文件都由特定的软件进行解释和编辑。

从本质上来说文本文件和二进制文件之间没有什么区别。因为在计算机中，任何文件和数据都以二进制形式存在，很难严格区分文本文件和二进制文件，所以我们可以简单地认为，如果一个文件专门用于存储文本字符的数据，不包含其他数据，我们就称之为文本文件，除此之外的文件都是二进制文件。

8.2　文件系统控件

任务 2：熟悉文件系统控件，编写简单的图像文件浏览器程序。

8.2.1　驱动器列表框、目录列表框、文件列表框

1．驱动器列表框

驱动器列表框控件（DriveListBox）用于显示系统中所有驱动器列表清单，其中包括软盘、硬盘、光盘和各类移动存储设备。

（1）属性。

① Drive。Drive 属性是驱动器列表框最重要的属性，取值是一个字符串，用于设置和返回运行时当前驱动器。如当前驱动器是 D 盘，则返回值为字符串 "d:"。默认状态下，程序运行时 C 盘通常作为驱动器列表框的当前驱动器，通过编写程序可以改变它的值，如下所示：

Drive1.Drive = "d: "

> 　　　不能在设计阶段使用 Drive 属性，必须在程序中设置或引用。也不能任意给 Drive 属性赋值，如计算机系统中并不存在盘符 G，则不能在程序中出现以下语句 Drive1.Drive ="g:"，否则系统会给出实时错误提示 " '68'设备不可用"。

② List。List 属性的用法与列表框和组合框中的 List 属性基本相同，以数组的形式存在，用于罗列驱动器列表框中的数据项。和普通列表框不同的是这里只能列出驱动器的盘符代号。

程序示例：在窗体上显示当前设备上所有启动器的盘符。

```
Dim i As Integer
For i = 0 To Drive1.ListCount − 1
    Print Drive1.List(i)
Next
```

其中 ListCount 用于计录驱动器的总数。

（2）事件：change。

change 是驱动器列表框最常见的事件。当列表框中的 Drive 属性值改变时，就会触发该事件。

> 驱动器列表框没有 Click 和 DblClick 事件。

2．目录列表框

目录列表框控件（DirListBox）用以显示当前驱动器下文件目录的结构。一般需要和驱动器列表框联用，显示系统中的文件目录结构。

（1）属性：Path。

Path 属性的返回值是当前目录的的完整路径，取值和驱动器列表框的 Drive 一样也是一个字符串，设置 Path 属性相当于改变了目录列表框的当前目录。

> 不能在设计阶段使用 Path 属性，必须在程序中设置或引用。不能任意给 Path 属性赋值，如计算机系统中并不存在某文件夹，则不能在程序设计时将该文件夹路径的字符串赋予 Path 属性，否则系统会给出实时错误提示"'76'路径未找到"。

通常目录列表框的默认值是系统中 VB 执行程序的目录，如"C:\Program Files\Microsoft Visual Studio\VB98"，如图 8-1 所示。我们也可以编写程序改变它的值。

例如，

```
Private Sub Form_Load()
    Dir1.Path = "c:\windows"
End Sub
```

以上程序段可以在程序执行时改变当前的文件目录，如图 8-2 所示。

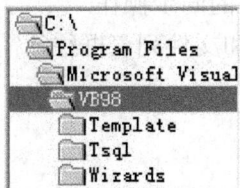

图 8-1 目录列表框　　图 8-2 修改后的目录列表框

（2）事件：Change。

和驱动器列表框一样，Change 事件是目录列表框最常用的事件，在目录列表框中的 Path 属性改变时触发该事件。

文件列表框没有 DblClick 事件，但是却有 Click 事件。要想触发文件列表框中的 Change 事件必须双击列表项，因为单击只是选中选项的过程，并不能改变 Path 属性，所以也不能触发 Change 事件。

示例：编写程序实现驱动器列表框和目录列表框的联动，如图 8-3 所示。

```
Private Sub Drive1_Change()
        Dir1.Path = Drive1.Drive
End Sub
```

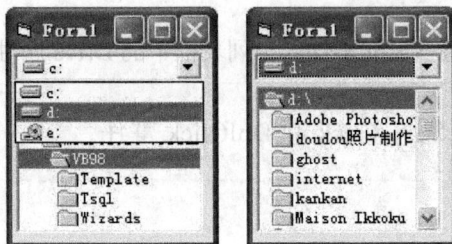

图 8-3 改变驱动器列表框选项

3．文件列表框

文件列表框控件（FileListBox）📄用以显示当前目录下的文件。

（1）属性。

① Path 属性。和目录列表框属性相同，用于返回和设置当前文件列表框的路径字符串。

② Filename 属性。Filename 属性返回值是一个字符串，用于设置和返回选定文件的文件名。

③ Pattern。Pattern 值是一个可以带通配符的文件名字符串，用于过滤在文件列表框中显示的文件名称，通配符"？"和"*"用于代替一个或任意个文件名符号。如果过滤的类型不止一种，还可以用分号分隔。通过编写程序和在属性框中都可以设置该属性。

例如，File1.Pattern = "*.exe"

如果需要设置多个文件类型可以在中间用分号隔开。

例如，File1.Pattern = "*.exe;*.dll"

（2）事件。

① Click。文件列表框事件，单击鼠标时触发该事件。

② Dblclick。文件列表框事件，双击鼠标时触发该事件。

4．驱动器列表框、目录列表框及文件列表框的同步操作

在实际应用中，驱动器列表框、目录列表框和文件列表框往往需要同步操作，可以通过 Path 属性的改变触发 Change 事件来实现。例如，

```
Private Sub Dir1_Change()
File1.Path=Dir1.Path
End Sub
```

该事件过程使窗体上的目录列表框 Dir1 和文件列表框 File1 产生同步。因为目录列表框 Path 属性的改变将产生 Change 事件，所以在 Dir1_Change 事件过程中，把 Dir1.Path 赋给 File1.Path，就可以产生同步效果。

类似地，增加下面的事件过程，就可以使 3 种列表框同步操作：

```
Private Sub Drive1_Change()
Dir1.Path=Drive1.Drive
End Sub
```

该过程使驱动器列表框和目录列表框同步，前面的过程使目录列表框和文件列表框同步，从而使 3 种列表框同步。

示例：编写程序返回选定文件的完整路径字符串，如图 8-4 所示。

在窗体中添加一个驱动器列表框、一个目录列表框、一个文件列表框和一个文本框，适当排列在窗体中的位置，以下是程序清单。

```
Private Sub Drive1_Change()
    Dir1.Path = Drive1.Drive
    File1.Path = Dir1.Path
End Sub
Private Sub Dir1_Change()
    File1.Path = Dir1.Path
End Sub
Private Sub File1_Click()
    If Right (File1. Path, 1)"\" Then
        Text1. Text = File1. Path & File1. FileName
    Else
        Text1. Text = File1. Path & "\" & File1. Name
    End If
End Sub
```

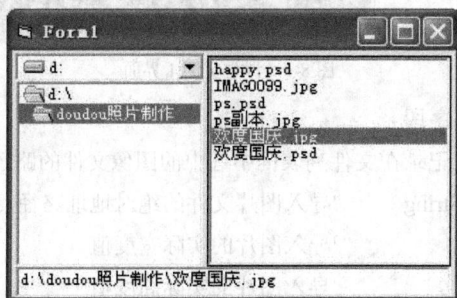

图 8-4　显示文件完整路径

> 当所选文件不在系统根目录时，需要在 File1.Path 属性和 File1.FileName 之间添加一个 "\" 符号，否则不是完整的文件目录。

8.2.2　课堂实例 1——简单的图像浏览器

利用以上所学习的知识编写程序，实现对系统中图像文件的浏览，所用控件如表 8-2 所示，界面如图 8-5 所示。

表 8-2 图像浏览器控件

控 件 类 型	控 件 名	属性、事件或注意事项
窗体	Form1	Load：窗体初始化事件
		Resize：窗体大小改变时所触发的事件
驱动器列表框	Drive1	Change：驱动器列表框控件 Path 属性改变时所触发的事件
目录列表框	Dir1	Change：目录控件 Path 属性改变时所触发的事件
文件列表框	File1	Click：单击文件列表框中选项时所触发的事件
图片框	Picture1	设置图片框的背景色为：&H00000000& 也可以在窗体 Load 事件中编写程序实现该功能： Picture1.BackColor = RGB(0, 0, 0)
图像框	Image1	图像框必须放置在图片框中，用于显示图片和设置图片的大小与位置，这是该程序实用性的关键

图 8-5　课堂实例 1 界面

以下是该程序的主要程序段：

'定义系统全局变量用于记录在文件列表框中选中的图像文件的路径和图像的大小

```
Dim fileNameString As String      '导入图片文件的绝对地址路径
Dim x As Long                     '导入图片的实际宽度值
Dim y As Long                     '导入图片的实际高度值

'系统初始化过程，设置各控件的一些属性（如：位置和大小等）
Private Sub Form_Load()
    Me.Caption = "图像浏览器"
    '设置窗体"位置"属性
    Me.Height = 6000
    Me.Width = 9000
    '设置驱动器列表框"位置"属性
    '注：驱动器列表框中的 Height 属性属于"只读"属性，因此不能修改它的值
```

```
        Drive1.Left = 0
        Drive1.Top = 20
        Drive1.Width = 2500
        '设置目录列表框的"位置"属性
        Dir1.Left = 0
        Dir1.Top = Drive1.Top + Drive1.Height + 20
        Dir1.Width = Drive1.Width
        Dir1.Height = 2000
        '设置文件列表框的"位置"属性
        File1.Left = 0
        File1.Top = Dir1.Top + Dir1.Height + 20
        File1.Width = Drive1.Width
        File1.Height = Me.ScaleHeight − File1.Top
        '设置图片框的"位置"属性
        Picture1.Top = 0
        Picture1.Left = Drive1.Width + 20
        Picture1.Width = Me.ScaleWidth − Picture1.Left
        Picture1.Height = Me.ScaleHeight − Picture1.Top
End Sub
'以上过程以可以通过控件的 Move 方法实现，读者可以根据自己的习惯灵活使用


'文件系统控件联动控制事件，用于在目录列表框和文件列表框中正确显示目录项
Private Sub Drive1_Change()
        Dir1.Path = Drive1.Drive
        File1.Path = Drive1.Drive
End Sub
Private Sub Dir1_Change()
        File1.Path = Dir1.Path
End Sub

Private Sub File1_Click()
    '获取文件路径
    If Right (File1. Path, 1)="\" Then
        File Name String = File1. Path & File1. FileName
    Else
        FileName String = File1. Path & "\" & File1. FileName
    End If
    '判断选取文件是否是图像文件
    '系统列出了两种比较常见的图像类型
    Dim fileAttrib As Integer
    fileAttrib = InStr(Right(fileNameString, 4), ".bmp")
```

```
        fileAttrib = InStr(Right(fileNameString, 4), ".jpg") + fileAttrib
        If fileAttrib > 0 Then
            Image1.Stretch = False
            Image1.Picture = LoadPicture(fileNameString)
            x = Image1.Width
            y = Image1.Height
            Image1.Stretch = True
            Call changePictureSize '调用图像显示函数，显示选中的图像
        End If
    End Sub
'以上图像文件类型的判断过程也可以通过设置文件列表框的 Pattern 来实现
'这样既可以简化编程的难度，还可以提高程序的实用性
'窗体大小改变时需要改变的一些控件属性
Private Sub Form_Resize()
    If Me.ScaleHeight − File1.Top >= 0 Then
        File1.Height = Me.ScaleHeight − File1.Top
    End If
    If Me.ScaleWidth − Picture1.Left >= 0 Then
        Picture1.Width = Me.ScaleWidth − Picture1.Left
    End If
    If Me.ScaleHeight − Picture1.Top >= 0 Then
        Picture1.Height = Me.ScaleHeight − Picture1.Top
    End If
    Call changePictureSize
End Sub

'设置图像框在图片框中显示的效果

Sub changePictureSize()
    If x <= Picture1.Width And y <= Picture1.ScaleHeight Then
        Image1.Left = (Picture1.ScaleWidth − x) / 2
        Image1.Top = (Picture1.ScaleHeight − y) / 2
    Else
        If x > Picture1.Width And x / y >= Picture1.Width / Picture1.Height Then
            Image1.Width = Picture1.ScaleWidth
            Image1.Left = 0
            Image1.Height = y / x * Image1.Width
            Image1.Top = (Picture1.ScaleHeight − Image1.Height) / 2
        Else
            Image1.Height = Picture1.ScaleHeight
            Image1.Top = 0
```

```
            Image1.Width = x / y * Image1.Height
            Image1.Left = (Picture1.ScaleWidth − Image1.Width) / 2
        End If
    End If
End Sub
```

8.3 顺序文件的读写

任务 3：掌握顺序文件中数据的读写方法，编写程序读取文件中人员的联系方式，实现"通讯录"的查阅功能。

在顺序文件中，记录的逻辑顺序与存储顺序相一致，对文件的读写操作只能一条记录一条记录地顺序进行。

8.3.1 打开顺序文件

在对文件进行操作之前必须先打开文件，Open 语句用于实现对文件的打开操作。

（1）格式。

Open <文件名> For [打开方式] As[#]<文件号>。

（2）说明。

① <文件名>指即将打开的文件的名字，该文件名可能还包括目录及驱动器路径。

② For 是一个关键字，指明文件的打开方式。[打开方式]包括以下 3 种类型。

➢ Input：向计算机输入数据，即从打开的文件中读取数据。该文件必须已经存在，否则会出现错误。

➢ Output：对文件写数据，即从计算机向打开的文件输入数据。若文件不存在，系统会在磁盘先创建这个文件，然后向该文件输入数据；否则，改写该文件，其原有的内容将全部被覆盖。

➢ Append：向文件中添加数据，即从计算机向打开的文件写数据。若文件不存在，则创建这个文件；否则，将字符添加到文件中原有内容的后面，而其原有的内容仍然保留不变。

③ As 是一个关键字，As 引导的短语为打开的文件指定一个文件号，方便对文件的操作。

④ [#]放在文件号前，是可选项。

⑤ <文件号>是专为这个文件指定的一个有效的号码，其值是 1～511 之间的整型数字。文件号用来代表所打开的文件，在后面的例子中可以看到直接引用文件号即可实现对指定文件的操作。为了避免文件号的重复使用，Visual Basic 还提供了函数 FreeFile 为打开的文件分配系统中未被使用的文件号。

（3）Open 语句举例。

① 打开已经存在的数据文件，名为 Student.dat，打开方式为 Input，即从 Student.dat 文件中读出数据，用户指定文件号为 1。

Open "Student.dat" For Input As #1

② 打开一个名为 Readme.txt 的文件，打开的方式为 Output，即向 Readment.txt 文件进行写操作，指定它的文件号为 2。

```
Open "Readme.txe" For Output As #2
```

③ 打开 D 盘上 prod 目录下的文件 Price.txt 并向其中增添一些内容，文件号为 5。

```
Filename ="d:\prod\Price.txt"
Open Filename For Append As #5
```

此例先把文件名赋给一个字符串变量，然后再打开该文件。

8.3.2 关闭顺序文件

文件的读写操作结束后，应将文件关闭，可以通过 Close 的语句来实现。

（1）格式。

```
Close [[# ] 文件号][,[# ] 文件号]...
```

（2）说明。

① [文件号]与 Open 语句中的文件号相对应。

② Close 语句用于结束文件的输入输出操作。当一个文件不再使用时，用 Close 语句关闭。

（3）Close 语句举例。

```
Close #1              '关闭文件号为 1 的文件
Close #1,#4,#6        '关闭文件号为 1、4 和 6 的 3 个文件
Close                 'Close 语句后面省略了文件号，表示关闭所有被打开的文件
```

提示：关闭一个数据文件具有两个方面的作用，一是把文件缓冲区中所有数据写入文件；二是释放与该文件相联系的文件号，以供其他 Open 语句使用。

8.3.3 顺序文件的写操作

以 Output 或 Append 访问模式打开顺序文件后，就可以对它进行写操作了。VB6.0 提供了两个向文件写入数据的语句，即 Print#和 Write#语句。

1．Print#语句

Print#语句的功能是把数据写入文件。它与 Print 方法功能类似。Print 方法所"写"的对象是窗体、打印机或控件，而 Print #语句所"写"的对象是文件。一般格式如下：

```
Print#<文件号>, [输出列表]
```

说明

（1）<文件号>是在 Open 语句中指定的。

（2）[输出列表]是准备写入文件中的数据，可以是分号或逗号分隔的变量、常量、空格和定位函数序列。分号代表紧凑格式，逗号代表标准格式。

（3）如果省略输出列表，在文件中会打印空行。

【例 8.1】 建立一个简单的顺序文件 print.txt，主要代码如下：

```
Private Sub Form_Click( )
    Dim Filename As String
    Filename="d:\print.txt"
    Open Filename For Output As #1
```

'向文件中写入一个字符串数据

Print #1,"How"

'向文件中写入多个字符串数据，字符串之间紧紧相邻

Print #1, "How";"are" ; "you"

'向文件中写入一个空行

Print #1,

'向文件中写入多个字符串数据，每个字符串占据一个输出区，一个输出区的长度是 14 个字符长

Print #1, "How";"are";"you"

'向文件中写入多个字符串数据，字符串的位置由 Tab 函数决定

Print #1, "How";Tab(7); "are";Tab(13); "you"

Close #1

Msgbox "已经将内容成功地写入到"& Filename

End Sub

程序运行后，用字处理程序（"记事本"）查看 D 盘下的 print.txt 文件，其内容如图 8-6 所示。

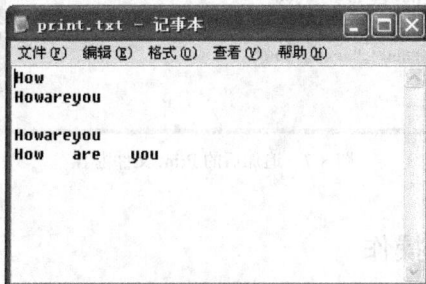

图 8-6　Print 文件内容

> Print#语句只是将数据写入缓冲区，只有在关闭文件、缓冲区已满或缓冲区未满但执行下一个 Print#语句时才写入文件。

2．Write#语句

Write#语句的功能是把数据写入顺序文件中，一般格式如下：

Write#<文件号>, [输出列表]

其说明如下。

（1）<文件号>是在 Open 语句中指定的文件号。

（2）[输出列表]是要写入文件中的数据，可以是变量名，也可以是常量，输出项之间可以用逗号隔开。如果省略输出列表，在文件中会打印空行。

（3）与 Print#语句不同，Write#语句采用紧凑格式。数据项之间自动插入逗号"，"，并给字符数据加上双引号。

（4）用 Write #语句写入的正数的前面没有空格。

【例 8.2】　在例 8.1 的基础上用 Write#语句在 print.txt 文件中追加两条内容。

Private Sub Form_Click( )

Dim Filename As String

```
Filename= "d:\print.txt"
Open Filename For Append As #1
Write #1,
Write #1, "How"; "are";"you"
Write #1, "How"; "are";"you"
Close#1
MsgBox "已经将内容成功地追加到"& Filename
End Sub
```

程序运行后，用字处理程序（如"记事本"）查看 D 盘下的 print.txt 文件，其内容如图 8-7 所示。注意与图 8-6 进行比较。

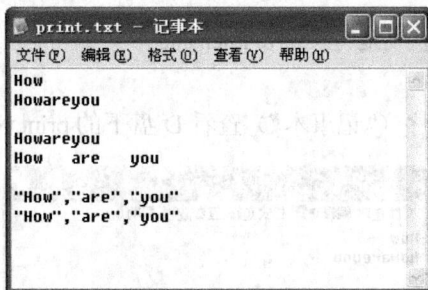

图 8-7　追加后的 Print 文件内容

8.3.4　顺序文件的读操作

顺序文件的读操作就是从已建好的顺序文件中将数据读到计算机中。在读一个文件时，首先要将准备读的文件用 Input 方式打开。读数据的操作由 Input#语句、Line Input#语句和 Input 函数实现。

1．Input# 语句

Input#语句从一个顺序文件中读取数据项，并把这些数据项赋给程序变量。一般格式如下：

Input#<文件号>，<变量列表>

其说明如下。

（1）<文件号>是在 Open 语句中指定的文件号。

（2）<变量列表>用来存放从顺序文件中读出的数据。

（3）变量列表中的变量用逗号分开，并且变量的个数和类型应该与从磁盘文件读取的记录中所存储的数据状况一致。

（4）在用 Input#语句把读出的数据赋给数值变量时，将忽略前导空格、回车和换行符，把遇到的第一个非空格、非回车和非换行符作为数值的开始，遇到空格、回车和换行符则认为数值结束。

（5）对于字符串数据，同样忽略开头的空格、回车和换行符。如果需要把开头带有空格的字符串赋给变量，则必须把字符串放在双引号中。

2．Line Input# 语句

Line Input# 语句从顺序文件中读取一个完整的行，并把它赋给一个字符串变量。一般格式如下：

Line Input#<文件号>，<字符串变量>

其中<文件号>是在 Open 语句中指定的文件号。<字符串变量>可以是字符串简单变量名，也可以是一个字符串数组元素名，用于接收从顺序文件中读出的字符行。

【例 8.3】 在窗体上画两个文本框，名称分别为 Text1 和 Text2。单击窗体时在 D 盘创建一个 test.txt 文件，用 Write#语句往文件中写入两行符号，然后分别用 Input#语句和 Line Input#语句读出文件中的数据，放在两个文本框中。

其程序代码如下。

```
Private Sub Form_Click()
    Dim s1,s2,s3 As String
    Dim filename As String
    Filename ="d:\test.txt"
    Open filename For Output As #1
    Write #1, "祝","福","你们"
    Write #1, "天","天","开心"
    Close #1
    Open filename For Input As #1
    Input #1,s1,s2
    Text1.Text=s1+s2
    Close #1
    Open filename For Input As #1
    Line Input #1,s3
    Text2.Text=s3
    Close #1
End Sub
```

程序运行结束后，两个文本框中的信息如图 8-8 所示。

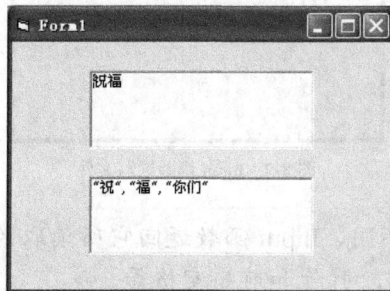

图 8-8 读写文件程序

可以看到：用 Input#语句读文件 text.txt 的数据时，将"祝"读入 s1，"福"读入 s2，在输出时不输出逗号，在第一个文本框中只输出"祝福"两个字。当用 Line Input #语句读数据时，是将一行数据读出赋值给 s3，所以在第二个文本框中输出完整的一行内容，包括双引号和逗号。

> 用 Input#语句进行读操作时，当遇到逗号、空格或行尾时就认为一个字符串结束，除非字符串用双引号引起来。用 Line Input#语句读数据时不受空格和逗号的限制，它将一行中回车之前的信息作为一个记录一次读入。

3. Input 函数

用 Input 函数可以读文件中读取指定字数的字符，一般格式如下：

Input（<整数><{#}<文件号>）

其中<整数>为要读取的字符个数。

【例 8.4】 在窗体上绘制一个文本框，名称为 Text1。当单击窗体时，利用 Input 函数读出文本文件的部分内容，并显示在文本框中。

程序代码如下：

```
Private Sub Form_Click()
        Dim filename,s1 As String
        filename = "d:\test.txt"
        Open filename For Output As #1
        Print #1, "欢迎大家学习 VB 中的文件操作"
        Close #1
        Open filename For Input As #1
        s1=Input(6,#1)
        Text1.Text =s1
    End Sub
```

程序执行的结果如图 8-9 所示。因为 Input 函数只读入 6 个字符，所以在文本框中显示出 6 个字符。

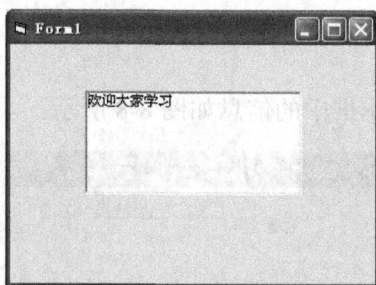

图 8-9　Input 函数读写文件

> 与 Input# 语句不同，Input 函数返回它所读取的所有字符，包括逗号、回车符、空白列、换行符、引号和前导空格等。

8.3.5　课堂实例 2——通讯录

步骤一：新建窗体，添加表 8-3 所示控件并设置相关属性。

表 8-3		通讯录控件及其相关属性	
窗　体	Form1	Caption	通　讯　录
		BorderStyle	1
ListView	ListView1	Column Headers	Index 值添加至 5
框架	Frame1		
标签	Label1	Caption	家庭住址：
	Label2	Caption	住宅电话：
	Label3	Caption	移动电话：
	Label4	Caption	单位电话：
文本框	Text1	BorderStyle	1
	Text2	BorderStyle	1
	Text3	BorderStyle	1
	Text4	BorderStyle	1
按钮	Button1	Caption	添加
	Button2	Caption	删除

其中控件 ListView 需要在"部件"对话框中添加 ActiveX 控件，选择"Microsoft Windows Common Control 6.0"选项即可在工具箱中添加 ▦ 控件图标，以供使用。

步骤二：编写代码实现通讯录管理功能。

```
Dim fileName As String
Private Sub Command1_Click()
'将文本框中的信息添加到列表框中
    Dim i As Integer
    If Command1.Caption = "添加" Then
        Frame1.Caption = InputBox("请输入联系人姓名：", "您好：")
        MsgBox "请在输入框中输入该联系人的相关信息后按"确定"键添加联系人信息", "提示"
        For i = 1 To 4
            Text1(i).Text = ""
        Next i
        Command1.Caption = "确认"
    Else
        With ListView1.ListItems.Add()'在 listView 控件中添加 TEXT1（0）中的信息，类似于根目录
            .Text = Frame1.Caption
            .Icon = ImageList1.ListImages(1)
            For i = 1 To 4 '再在 listView 控件中添加 Text1(i)四个子项，类似于根目录下的子目录
                .SubItems(i) = Text1(i)
            Next i
        End With
        Command1.Caption = "添加"
    End If
```

```
                End Sub
            Private Sub Command2_Click()
            '删除列表框中信息
                If ListView1.ListItems.Count > 0 Then    '如果 listView 控件中有信息，则删除
                    If MsgBox("真的要删除吗？", vbQuestion + vbYesNo + vbDefaultButton2) = vbYes Then
                        ListView1.ListItems.Remove ListView1.SelectedItem.Index
                    End If
                End If
            End Sub
            Private Sub Form_Load()
                Dim tpStr As String, i As Integer
                fileName = App.Path & "\data.txt"        'data.txt 文件的路径名
                If Dir(fileName) <> "" Then               '如果路径名不为空
            '加载数据
                    Open fileName For Input As #1 '打开 data.txt 文件并输入
                        Do While Not EOF(1) '如果文件不为空时循环
                            With ListView1.ListItems.Add() '在 listView 控件中添加信息
                            For i = 0 To 4
                                Line Input #1, tpStr '把文件中的一行信息放到 TPSTR 中
                                If i = 0 Then '当 I=0 时在 listView 控件中添加信息 ，类似于根目录
                                    .Text = tpStr
                                Else
                                    .SubItems(i) = tpStr '在 listView 控件中添加四个子项，类似于根目录下的子目录
                                End If
                            Next i
                            End With
                        Loop
                        Close #1
                End If
            End Sub
            Private Sub Form_Unload(Cancel As Integer)
                Dim i As Integer '保存信息，退出系统
                Dim tpList As ListItem
            '保存数据
                Open fileName For Output As #1            '打开文件并输出
                For Each tpList In ListView1.ListItems '循环输出
                    Print #1, tpList.Text
                    For i = 1 To 4
                        Print #1, tpList.SubItems(i)
                    Next i
```

```
        Next tpList
        Close #1
    End Sub
    Private Sub ListView1_ItemClick(ByVal Item As MSComctlLib.ListItem)
        Dim i As Integer '查看通讯录人员相关信息
        Frame1.Caption = ListView1.ListItems(ListView1.SelectedItem.Index).Text
        For i = 1 To 4
            Text1(i) = ListView1.ListItems(ListView1.SelectedItem.Index).SubItems(i)
        Next i
    End Sub
```

8.4　随机文件的读写

任务 4：掌握随机文件的读写方法，能够进行独立编程。

使用顺序文件有一个很大的缺点，就是它必须顺序访问，即使明知所要的数据在文件的结尾，也要把前面的数据全部读完才能取得该数据。而随机文件则可以直接快速访问文件中的任意一条记录，它的缺点是占用的空间较大。

随机文件由固定长度的记录组成，每条记录包含一个或多个字段。随机文件中每个记录都有一个记录号，只要指出记录号，就可以对该文件中任意数据项进行读写。对随机文件的读写是按记录进行操作的。一般分为以下 4 步。

（1）定义数据类型。

在对随机文件进行读写操作之前，要把记录中的各个字段放在一个记录类型中，记录类型用 Type…End Type 语句定义。Type…End Type 语句一般在标准模块或窗体模块中使用。例如在标准模块文件中定义如下的数据类型：

```
    Public Type student
        Number As String *6
        Name As String *8
        Age As Integer
    End Type
```

有了这样一个固定长度的自定义数据类型，就可以在该声明范围内的任何位置定义具有该类型的变量，以便将它们组织到随机文件中。

> 在创建自定义数据类型时，其中的字符串字段一定要定义成定长的字符串类型，否则就不能保证记录是固定长度的。

（2）打开随机文件。

与顺序文件不同，打开一个随机文件后，既可用于写操作，也可用于读操作。

（3）对随机文件进行读写操作。

（4）关闭随机文件。

8.4.1　随机文件的打开和关闭

同顺序文件一样，在对一个随机文件操作之前，也必须用 Open 语句打开文件，在对一个随机文件的操作完成之后，也要用 Close 语句将它关闭。

1．打开随机文件

一般格式：Open<文件名> For Random As [#],<文件号> [Len=<记录长度>]

其说明如下。

（1）<文件名>指欲打开的文件的名字。

（2）For Random 表示打开一个随机文件。

（3）<记录长度>是一条记录所占的字节数。可以用 Len 函数获得，即

　　　<记录长度>=Len（记录类型变量）

例如，在模块文件中定义了如上所示的 student 数据类型后，就可以定义 student 类型的数据变量：

　　　Dim stu As student

然后就可以用下面的语句打开：

　　　Open "d:\Test.dat" For Random As #1 Len=Len(stu)

对随机文件的打开、读写都是相同的模式，即随机文件只要打开一次就可以同时进行读写操作，而不必像顺序文件那样在切换访问模式时需要及时关闭前一种模式才能打开下一种模式。

2．关闭随机文件

随机文件的关闭同顺序文件一样，用 Close 语句。

8.4.2　随机文件的写操作

用 Put 语句进行随机文件的写操作。其一般格式为：

　　　Put #<文件号>, [记录号], <变量>

Put 语句的功能是将<变量>的内容写到指定的记录位置处。[记录号]是一个大于或等于 1 的整数。省略[记录号]，则表示在当前记录后的位置插入一条记录。省略记录号后，逗号不能省略。例如，

　　　Put #1,3,stu

表示将变量 stu 的内容送到 1 号文件中的第 3 号记录。

向随机文件写入数据时，会有两种情况。一种是将新记录写入到随机文件中已有的记录位置，这样其实是对指定记录进行修改操作；另一种是要在随机文件尾部添加新记录，Put 语句中的记录号应该是文件中的记录个数+1。

> 向随机文件写入新数据时，如果字符串长度小于记录变量中对应元素的长度，则 VB 6.0 会自动在其尾部添加空格；反之，则截断超出的部分。

8.4.3　随机文件的读操作

随机文件的读操作与写操作类似，只是将 Put 语句用 Get 语句代替。其语法格式如下：

　　　Get #<文件号>, [记录号], <变量>

Get 语句的功能是把文件中由[记录号]指定的内容读入到指定的<变量>中。记录号是一个大于或等于 1 的整数，是要读的记录的编号。如果省略记录号，则读取下一条记录，即最近执行 Get 或 Put 语句后的记录。如果省略记录号，逗号不能省略。例如，有如下程序段：

        Get #2,4,stu

        Get #2,,tea

表示将 2 号文件中的第 4 条记录读出后存放到变量 stu 中，将 2 号文件中第 5 条记录读出后存放到变量 tea 中。

8.4.4　随机文件记录的修改、追加和删除

1．修改记录

要修改记录，可使用 Put 语句，指定要修改的记录位置。例如，

        put # 1,5,stu   '该行代码用 stu 变量中的数据替换文件 1 中的第 5 条记录

2．追加记录

要在随机访问文件的末尾追加记录，可使用 Put 语句完成，例如，文件中最后一个记录号为：

        intLastRecord = LOF(1)/Len(stu)

可使用下列代码：

        Put #1,intLastRecord,stu   '该行代码将 stu 变量中的数据追加到文件 1 的末尾

3．删除记录

在随机文件中删除一个记录时，并不是真正删除记录，而是把下一个记录重写到要删除的记录的位置上，其后的所有记录依次前移。因此，删除记录的通用过程代码如下：

        Sub Deleterec(position As Integer)

            Repeat:

                Get #1, position +1, recordvar

                If Loc(1)>recordnumber Then GoTo finish

                Put #1, position, recordvar

                Position= position+1

                GoTo repeat

            Finish:

                Recordnumber=recordnumber −1

        End Sub

上述过程用来删除文件中某个指定的记录，参数 position 是要删除的记录的记录号。该过程是用后面的记录覆盖前面要删除的记录，其后记录依次前移，移动完成后，最后的记录号减 1。该过程可以在事件中直接调用，删除随机文件中指定的记录。

8.5　常用文件函数和语句

任务 5：熟悉常用的文件处理函数和语句，能灵活运用。

文件的主要操作是读与写，除了上述提到的方法之外，VB 还有许多关于文件的函数和语句。下面就常用的内容做一介绍。

1．FreeFile 函数

用 FreeFile 函数来取得当前状态下可用的文件号。当程序中打开的文件较多时，这个函数很有用。特别是在通用过程中使用文件时，用这个函数可以避免使用其他 Sub 或 Function过程中正在使用的文件号。利用这个函数，可以把可用的文件号赋给一个变量，用这个变量作为文件号，而不必知道文件号具体是多少。

【例 8.5】 用 FreeFile 函数取得下一个可用的文件号，并进行文件的读写。

```
Private Sub Form_Click()
    Dim strFileName, intFileNum As String
    Dim s1, s2 As String
    strFileName = "d:\test.txt"
    intFileNum = FreeFile            '获得可用的文件号
    Open strFileName For Output As #intFileNum
    Print #intFileNum, "大家好"
    Close #intFileNum
    MsgBox "文件已写入数据！"
End Sub
```

2．LOF 函数

格式：LOF(<文件号>)

其功能是返回给文件分配的字节数（及文件的长度）。例如，LOF(1)返回#1 文件的长度，如果返回 0 值，则表示该文件是一个空文件。

3．LOC 函数

格式：LOC(<文件号>)

其功能是返回由<文件号>指定的文件的当前读写位置。对于随机文件，它将返回最近读写的记录号；对于二进制文件，它将返回最近读写的字节位置。对于顺序文件，返回的是最近读写的字节位置所在的区号，每区为 128 个字节。若指针指向的字节在 1～128 之间，则 LOC 函数返回值为 1，若在 129～256 之间，LOC 函数返回值为 2，依此类推。由此看来，LOC 函数对于顺序文件无实际意义。

4．EOF 函数

格式：EOF(<文件号>)

其功能是检查由<文件号>指定的文件中的记录指针是否指向文件尾，若指向文件尾，则 EOF 函数返回值为 True，否则为 False。

当文件打开后，其内部有一个记录指针指向第一个字符。随着记录的读出，记录指针向后移动，直到指针指向末尾，以表示文件中的数据全部读完。

利用 EOF 函数，可以避免在文件输入时出现"输入超出文件尾"错误，它是一个很有用的函数。在文件输入期间，可以用 EOF 函数测试是否到达文件末尾。对于顺序文件来说，如果已到文件末尾，则 EOF 函数返回 True，否则返回 False。

此函数用于访问随机文件或二进制文件时，若最后一次执行的 Get 语句无法读出完整的记录，同样返回 True。

EOF 函数常用于在循环中测试是否已到文件尾，一般结构如下：

```
Do While Not EOF(1)
    '此时进行文件读写语句
Loop
```

5．FileLen 函数

格式：FileLen(<文件名>)

其功能是返回文件的长度，单位是字节。其中<文件名>参数用来指定一个文件名的字符串表达式，可以包含路径。

调用 FileLen 函数时，如果所指定的文件已经打开，则返回的值是这个文件在打开前的大小。

6．删除文件语句——Kill

格式：Kill<文件名>

其功能是删除指定的文件。这里的<文件名>可以含有路径。若文件名中没有包含驱动器号，则删除当前驱动器上指定的文件；若文件名中没有包含目录，则删除当前目录下的指定文件；若文件名中包含通配符"*"或"？"，则删除符合这个广义文件名的一组文件。例如，

```
Kill "d:\abc\text.txt"        '删除 D 驱动器上的 abc 子目录下名为 test.txt 的文件
Kill "test.txt"               '删除当前驱动器当前目录下名为 test.txt 的文件
Kill "d:\*.dak"               '删除 D 驱动器上根目录所有扩展名为.dak 的文件
```

不能删除已打开的文件，删除前应先将其关闭。

7．复制文件语句——FileCopy

格式：FileCopy<源文件名>,<目标文件名>

其功能是将<源文件名>指定的文件复制给<目标文件名>，所产生的目标文件与源文件的内容完全一致。例如，

```
FileCopy "d:\abc\test.txt","e:\lx\test1.txt"
```

将 D 驱动器上 abc 子目录下名为 test.txt 的文件复制到 E 驱动器上 lx 子目录下，文件名为 test1.txt。

不能复制已打开的文件。要复制已打开的文件，应先将其关闭。不能在源文件名和目标文件名中使用通配符"*"或"？"，即每次只能复制一个文件。

8．文件（目录）重命名语句——Name

格式：Name<源文件名>As<新文件名>

其功能是对文件或目录重命名，也可用来移动文件。<源文件名>是一个字符串表达式，用来指定已存在的文件名（包括路径）；<新文件名>也是一个字符串表达式，用来指定改名后的文件名（包括路径）。例如，

```
Name "d:\abc\test.txt" As "d:\abc\test1.txt"
```

上条语句是将 D 驱动器上 abc 子目录下名为 test.txt 的文件改名为 test1.txt。

其说明如下。

（1）<新文件名>不能是已存在的文件名。

（2）如果新文件名指定的路径存在并且与源文件名指定的路径不同，则 Name 语句将把文件移动新的目录下，并更改文件名。如：

Name "d:\abc\test.txt" As "d:\vb\lx.txt"

（3）如果新文件名与原文件名指定的路径不同但文件名相同，则 Name 语句将把文件移到新的目录下，但保持文件名不变。例如，

Name "d:\abc\test.txt" As "d:\vb\test.txt"

（4）Name 语句可以移动文件，不能移动目录，但可以对目录重命名。例如，

Name "d:\abc" As "d:\test"

> 在使用 Name 语句时，当原文件名不存在或者新文件名已存在时，都会发生错误。如果一个文件已经打开，则用 Name 语句对该文件重命名时将会产生错误，因此，在对一个打开的文件重命名之前，必须先关闭文件。

8.6 通用对话框

任务 6：掌握自定义对话框和通用对话框的使用方法，能利用通用对话框编写简单的文本编辑软件"我的记事本"。

在 VB 中，对话框分为 3 种类型，即预定义对话框、自定义对话框和通用对话框。

预定义对话框也称作预制对话框，由系统提供。VB 提供了两种预定义对话框，即输入框（InputBox）和消息框（MsgBox）。

自定义对话框也称作定制对话框，用户可以根据实际需求自行定义对话框。自定义对话框实际上就是一个窗体，上面放置了一些控件，用来接收用户输入的信息。像我们使用的 Word 中设置字体和段落格式时弹出的的窗口都属于自定义对话框。

通用对话框也是一种控件，用这种控件可以快速设计出较为复杂的对话框。

8.6.1 用户自定义对话框

如前所述，对话框与窗体是类似的，但它是一种特殊的窗体，具有区别于一般窗体的不同属性，主要表现在以下几个方面。

（1）在一般情况下，用户没有必要改变对话框的大小，因此其边框是固定的。

（2）为了退出对话框，必须单击其中的某个指定按钮，不能通过单击对话框外部的某个地方关闭对话框。

（3）在对话框中不能有最大化按钮（Max Button）和最小化按钮（Min Button），以免被意外地扩大或缩成图标。

（4）对话框不是应用程序的主要工作区，只是临时使用，使用后就被关闭。

下面创建一个"字体"格式自定义对话框。

步骤一：添加窗体和控件并设置相应的属性，如表 8-4 所示。

表 8-4 "字体"自定义对话框控件及其属性值

窗体	Form1	Caption	字体
		BorderStyle	1
标签	Label1	Caption	字体
	Label2	Caption	字形
	Label3	Caption	字号
	Label4	Caption	预览
组合框	Combo1	Style	1
		Text	宋体
	Combo2	Style	1
	Combo1	Style	1
		Text	14
文本框	Text1	BorderStyle	1
		Text	Text1
		Enabled	False
按钮	Button1	Caption	确定
	Button2	Caption	取消

步骤二：编写程序完成字体"字体"对话框的基本功能，具体代码如下。

```
Private Sub Form_Load()
    Dim i As Integer, j As Integer, s1 As Variant
    '添加系统字体库字体
    For i = 0 To Screen.FontCount - 1    '系统可用的显示字体数
        Combo1.AddItem Screen.Fonts(i)    '加入字体组合框中
    Next i
    '添加"字形"组合框数据项
    s1 = Array("常规", "倾斜", "加粗", "倾斜 加粗")
    For i = 0 To 3
        Combo2.AddItem s1(i)
    Next i
    '添加"字号"组合框数据项
    s2 = Array(8, 9, 10, 11, 12, 14, 16, 18, 20, 22, 24, 26, 28, 36, 48, 72)
    For i = 0 To 15
        Combo3.AddItem s2(i)    '字号
    Next i
End Sub
Private Sub Combo1_Click()
    Text1.Font.Name = Combo1.Text '修改预览框字体
End Sub
Private Sub Combo2_Click()
```

```
        Select Case Combo2.Text '修改预览框字形
            Case "常规"
                Text1.Font.Bold = False
                Text1.Font.Italic = False
            Case "倾斜"
                Text1.Font.Bold = False
                Text1.Font.Italic = True
            Case "加粗"
                Text1.Font.Bold = True
                Text1.Font.Italic = False
            Case "倾斜  加粗"
                Text1.Font.Bold = True
                Text1.Font.Italic = True
        End Select
End Sub
Private Sub Combo3_Click()
        Text1.Font.Size = Val(Combo3.Text) '修改预览框字号
End Sub
Private Sub Command2_Click()
        Me.Visible = False
End Sub
Private Sub Command1_Click()
        '修改文本框字体格式
        Form1.RichTextBox1.SelFontName = Combo1.Text
        Select Case Combo2.Text
            Case "常规"
                Form1.RichTextBox1.SelBold = False
                Form1.RichTextBox1.SelItalic = False
            Case "倾斜"
                Form1.RichTextBox1.SelBold = False
                Form1.RichTextBox1.SelItalic = True
            Case "加粗"
                Form1.RichTextBox1.SelBold = True
                Form1.RichTextBox1.SelItalic = False
            Case "倾斜  加粗"
                Form1.RichTextBox1.SelBold = True
                Form1.RichTextBox1.SelItalic = True
        End Select
        Form1.RichTextBox1.SelFontSize = Combo3.Text
```

　　　　Me.Visible = False

　　　End Sub

8.6.2　通用对话框

通用对话框是一种 ActiveX 控件，但是不是 VB 默认的基本控件，需要人工添加。在 VB 左侧的工具箱上单击鼠标右键，选择"部件"选项，在弹出的"部件"对话框中选取"Microsoft Common Dialog Control 6.0"即可在工具箱中添加通用对话框控件（CommonDialog）▣。

通用对话框为用户提供了几种不同的类型模式，可以通过给 Active 属性赋值的方法加以实现。事实上，VB 也为通用对话框设计了对应的方法实现对不同类型对话框的调用，具体如表 8-5 所示。

表 8-5　　　　　　　　　　　　　　通用对话框类型设置列表

对话框类型	Action	调 用 方 法
打开文件	1	ShowOpen
保存文件	2	ShowSave
颜色	3	ShowColor
字体	4	ShowFont
打印	5	ShowPrint
调用 Help 文件	6	ShowHelp

文件对话框分为两种，即打开（Open）文件对话框和保存（Save As）文件对话框。分别通过设置不同的 Action 值 1 和 2 调用，以下列出了几个它们共同拥有的几个属性。

（1）DefaultExt 属性：对话框返回或设置默认的文件扩展名。

当打开或保存一个没有扩展名的文件时，自动给该文件指定由 DefaultExt 属性指定的扩展名。

（2）DialogTitle 属性：返回或设置对话框标题栏所显示的字符串，类似于窗体的 Caption 属性。

（3）FileName 属性：返回或设置所选文件的路径和文件名。

例如，在"打开"文件对话框中选择 D 盘根目录下某文件 my.txt，则返回值为字符串"d:\my.txt"。

（4）FileTitle 属性：返回或设置所选文件的文件名，不含路径。

同理：选择打开 D 盘根目录下某文件 my.txt，则返回值为字符串"my.txt"。

（5）Filter 属性：返回或设置在对话框的类型列表框中所显示的文件类型。

例如，

　　CommonDialog1.Filter = "word 文档(*.doc)|*.doc"

添加以上程序后，在弹出的相应文件对话框中将只能显示副文件名为 doc 的 Word 文档。

　　CommonDialog1.Filter = "word 文档(*.doc)|*.doc|文本文件(*.txt)|*.txt"

添加以上程序后，在相应文件对话框中将会出现如图 8-10 所示的文件类型选择项，选择相应的文件类型将会使得不同类型的文件在相应的区域得以显示。

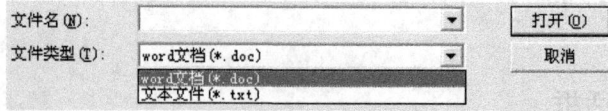

图 8-10   文件类型选择

（6）FilterIndex 属性：返回或设置"打开"或"另存为"对话框中一个默认的文件类型。

当在 Filter 属性设置了多个文件类型时可以设置相应的 FilterIndex 属性值，设置默认的文件类型，如上例设置了 Word 文档和文本文件两种文件类型，其中由于 word 文档在前，所以优先作为默认的文件类型，编写如下程序：

CommonDialog1.FilterIndex = 2

即可将文本文件设置为默认的文件类型。

8.6.3　课堂实例 3——我的记事本

参考 Windows 系统自带的记事本工具，我们可以知道记事本由以下四个部分组成。

（1）标题栏：给记事本编辑窗口提供一些展示状态操作，如最小/最大化窗口等。

（2）功能菜单：记事本的功能菜单，实现对文件的打开和保存等操作。

（3）文本编辑区域：文本的显示和编辑区域。

（4）状态栏：对记事本的一些当前状态给出提示信息。

步骤一：新建一个标准 EXE 工程，将其 Caption 属性改为"无标题 - 记事本"。在窗体中单击 Icon 属性给它找个合适的 Icon 图标。

步骤二：在"工具箱"中单击鼠标右键选择"部件"项，在弹出的对话框中选取"Microsoft Common Dialog 6.0"、"Microsoft RichText Box 6.0"和"Microsoft Windows Common Control 6.0" 3 个选项，单击"确定"按钮，完成工具箱中控件的添加过程。选择图标▧和▨双击后即可在窗体控件中添加该控件。

设置控件 RichTextBox1 的 ScrollBars 属性值为 2，为文本框添加垂直滚动条。

步骤三：编辑菜单：利用菜单编辑器完成"记事本"的菜单编辑过程，如表 8-6～表 8-10 所示。

表 8-6　　　　　　　　　　　　　　　　　"文件"菜单

文件	（第一层）	myFile
新建	（第二层）	fileNew
打开	（第二层）	fileOpen
保存	（第二层）	fileSave
—	（第二层）分隔线	Line01
退出	（第二层）	fileExit

表 8-7　　　　　　　　　　　　　　　　　"编辑"菜单

编辑	（第一层）	fileEdit
复制	（第二层）	fileCopy
剪切	（第二层）	fileCut

续表

粘贴	（第二层）	filePaste
—	（第二层）分隔线	Line02
查找	（第二层）	fileFind
查找下一个	（第二层）	FileFindNext
—	（第二层）分隔线	Line03
全选	（第二层）	fileSelectAll

表 8-8 "格式"菜单

格式	（第一层）	fileFormat
字体	（第二层）	FileFont

表 8-9 "查看"菜单

查看	（第一层）	fileLook
显示状态栏	（第二层）	fileStatu

表 8-10 "帮助"菜单

帮助	（第一层）	fileHelp
关于	（第二层）	fileAbout

步骤四：编写代码。

```
'''''''''''''''''''''''''''系统初始化'''''''''''''''''''''''''''
Private Sub Form_Load()
'设置程序启动窗体时的大小
    Me.Height = 6000
    Me.Width = 9000
    Me.Caption = "无标题 - 我的记事本"
End Sub

'设置编辑框的位置和大小
Private Sub Form_Resize()
    On Error Resume Next '出错处理
    '用于处理"380"无效参数的错误
    RichTextBox1.Top = 20
    RichTextBox1.Left = 20
    RichTextBox1.Height = ScaleHeight − 400
    RichTextBox1.Width = ScaleWidth − 40
End Sub
'''''''''''''''''''''''''''' "文件"菜单''''''''''''''''''''''''''''
```

```vb
'新建文件
Private Sub fileNew_Click() '新建菜单
    RichTextBox1.Text = "" '清空文本框
    FileName = "无标题 - 我的记事本"
    Me.Caption = FileName
End Sub
Private Sub fileOpen_Click() '打开菜单
    CommonDialog1.Filter = "文本文档(*.txt)|*.txt|RTF 文档(*.rtf)|*.rtf|所有文件(*.*)|*.*"
    CommonDialog1.ShowOpen '显示"打开"文件对话框
    RichTextBox1.Text = "" '清空文本框
    FileName = CommonDialog1.FileName
    RichTextBox1.LoadFile FileName
    Me.Caption = FileName & " - 我的记事本"
End Sub
Private Sub fileSave_Click() '保存菜单
    CommonDialog1.Filter = "文本文档(*.txt)|*.txt|RTF 文档(*.rtf)|*.rtf|所有文件(*.*)|*.*"
    CommonDialog1.ShowSave
    FileType = CommonDialog1.FileTitle
    FileType = LCase(Right(FileType, 3)) '提取文件类型（副文件名）
    FileName = CommonDialog1.FileName
    Select Case FileType
        Case "txt"
            RichTextBox1.SaveFile FileName, rtfText
        Case "rtf"
            RichTextBox1.SaveFile FileName, rtfRTF
        Case Else
            RichTextBox1.SaveFile FileName
    End Select
    Me.Caption = FileName & " - 我的记事本"
End Sub
Private Sub fileExit_Click() '退出菜单
    End '结束程序
End Sub
'"""""""""""""""""""""" "编辑"菜单""""""""""""""""""""""
Private Sub fileCopy_Click() '复制菜单
    Clipboard.Clear
    Clipboard.SetText RichTextBox1.SelText
End Sub
Private Sub fileCut_Click() '剪切菜单
```

```vb
        Clipboard.Clear
        Clipboard.SetText RichTextBox1.SelText
        RichTextBox1.SelText = ""
End Sub
Private Sub filePaste_Click() '粘贴菜单
        RichTextBox1.SelText = Clipboard.GetText
End Sub
Private Sub fileFind_Click() '查找菜单
    sFind = InputBox("请输入要查找的文字: ", "查找内容")
    RichTextBox1.Find sFind
End Sub
Private Sub fileFindNext_Click() '查找下一个
        RichTextBox1.SelStart = RichTextBox1.SelStart + RichTextBox1.SelLength + 1
        RichTextBox1.Find sFind, , Len(RichTextBox1)
End Sub
Private Sub fileSelectALL_Click() '全选菜单
        RichTextBox1.SelStart = 0
        RichTextBox1.SelLength = Len(RichTextBox1.Text)
End Sub
'""""""""""""""""""""" "格式"菜单"""""""""""""""""""""
Private Sub fileFont_Click()
        fontForm.Visible = True
End Sub
'""""""""""""""""""""" "查看"菜单"""""""""""""""""""""
Private Sub fileStatu_Click()
    If StatusBar1.Visible Then
        StatusBar1.Visible = False
        RichTextBox1.Height = ScaleHeight −40
        fileStatu.Caption = "显示状态栏"
    Else
        StatusBar1.Visible = True
        fileStatu.Caption = "隐藏状态栏"
        RichTextBox1.Height = ScaleHeight −400
    End If
End Sub
'""""""""""""""""""""" "帮助"菜单"""""""""""""""""""""
Private Sub fileAbout_Click()
    MsgBox "我的记事本 1.1 版-版权所有"背影"", "关于"
End Sub
```

添加时钟控件，设置 Interval 属性为 1000。设置状态栏属性 Panel，单击"Insert Panel"插入 Panel。设置 Panels(2)的 Minimum Width 属性为 2000。

```
Private Sub Timer1_Timer()
    StatusBar1.Panels(1).Text = "我的记事本"
    StatusBar1.Panels(2).Text = "当前时间：" & Time()
End Sub
```

新建窗体,创建自定义对话框"字体"，具体步骤参考课堂实例 3。

思考与练习

1．顺序文件和随机文件的区别是什么？

2．文本文件和二进制文件的区别是什么？

3．编写程序实现驱动器列表框、目录列表框和文件列表框的联动。

4．利用通用对话框实现对文本文件的"打开"和"保存"操作。

【课外实践与拓展】

1．修改图像浏览器程序，使得文件列表框中只出现指定类型的图像文件名称。

2．查询 MSDN 相关资料，添加 ImageList 控件，为"通讯录"中的联系人添加图像，增加程序的实用美观性。

3．为课堂实例 3 中"我的记事本"设计右键快捷菜单，实现对文字字体和颜色的编辑功能。

第 9 章 数据库应用

【学习导航】

学 习 目 标	知 识 要 点	能 力 要 求
数据库的基本概念	（1）数据库的基本概念 （2）数据库访问技术	了解数据库的基本概念，了解 3 种数据库访问技术
可视化数据管理器	建立数据库，编辑数据表	掌握可视化数据管理器的使用
ADO 数据对象	（1）ADO 控件使用基础 （2）绑定控件及应用实例 （3）ADO 对象	掌握 ADO 控件访问数据库的操作方法，了解 ADO 对象的基本概念，掌握 ADO 对象操作数据库的方法与步骤

【教学重点】

建立数据库、ADO 对象的使用、RecordSet 对象的属性与方法。

【学习任务】

本章的主要任务描述如下。

➢ 了解数据库的相关概念。

➢ 掌握可视化数据管理器的使用。

➢ 了解 VB 中对数据库的 3 种访问技术。

➢ 掌握利用 ADO 对象操作数据库的方法。

9.1 数据库基础知识

任务 1：了解数据库的基本概念及几种 VB 中常用的数据库编程方式。

9.1.1 数据库的基本概念

1. 数据库的基本概念

数据库（DataBase）、数据库管理系统（DataBase Management System，DBMS）和数据库系统（DataBase System）是数据库技术中常用的术语。

（1）数据库。

一般认为，数据库是数据的集合，是存储数据的仓库。数据库中的数据是以一定的组织方式存储的相关数据。数据库文件与应用程序文件分开，数据库是独立的，它可以为多个应用程序所使用，达到共享的目的。

（2）数据库系统。

数据库系统是组织数据、存储数据的管理系统，是帮助用户使用数据库的工具。它由计算机系统中引进数据库后的系统构成，主要包括用户、数据库和数据库管理系统三个方面。

（3）数据库管理系统。

它是管理、维护数据库的一组软件。它的主要功能是维护数据库、接收和完成用户程序命令提出的访问数据的各种请求，如检索、存储数据等。用户使用数据库的数据是目的，数据库管理系统是帮助用户达到这一目的的工具和手段。

2．VB 可访问的数据库

数据是描述客观事物的数字、字符等符号的集合。各个数据对象及它们之间存在的关联的集合称为数据模型。它是指数据在数据库中排列、组织所遵循的规则。目前流行的数据模型有层次模型、网状模型、关系模型。但从数学理论的角度看，关系型数据库更加完善。从20 世纪 80 年代起，关系型数据库就成了主流数据库而得到广泛推广，诸多服务器型数据库，如 Oracle、SQL Server、Access 和 FoxPro 等，都是关系型数据库。

VB 默认的数据库格式与 Access 的格式相同，其默认的数据库文件（扩展名为 mdb）称为内部数据库。

除此之外，在 VB 中还可以访问外部数据库，如 dBase、FoxPro、Paradox 等 ISAM（索引顺序访问方法）数据库，Excel、Lotus123 等电子表格，ODBC（开放式数据库联）数据库，如 SQL Server 等。

9.1.2　数据库访问技术

1．VB 中数据库应用程序的组成

VB 应用程序由用户界面、数据库引擎和数据库 3 部分组成，如图 9-1 所示。

（1）用户界面。

用户界面是用户与程序进行交互的窗体和相应的程序代码，如显示记录、查询数据或更新数据的窗体，以及实现对数据库访问请求的程序代码。

（2）数据库引擎。

数据库引擎是一组动态链接库（Dll），它的主要作用如下。

① 解释应用程序对数据库操作的请求，并形成对数据库的物理操作，如读取、修改或写入数据库。

② 管理对数据库的基本操作，维护数据库的完整性和安全性。

③ 接收并执行 SQL 的命令及相关数据操作，实现对数据库的检索、查询、插入、删除等操作。

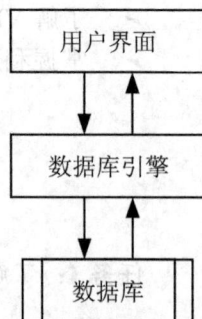

图 9-1　VB 应用程序组成

④ 管理执行 SQL 命令所返回的结果。

VB 提供的是 Jet 数据库引擎，它是驻留在 dll 文件中的本地数据库引擎，在运行时被动态链接到 VB 数据库应用程序。

（3）数据库。

数据库是指包含数据表的文件，对于内部数据库或 Access 数据库来说就是.mdb 文件。

> 数据库引擎是 VB 应用程序与数据库之间的桥梁，应用程序通过数据库引擎完成对数据库的各种操作；操作结果也通过数据库引擎返回到用户界面。

2．VB 中的数据库编程方式

Microsoft 为 VB 编程人员提供了 3 种不同的数据库编程方式，VB 6.0 全面支持其中的每一种方式。

（1）DAO——数据访问对象（DAO）方式是允许程序员操纵 Microsoft Jet 数据库引擎的面向对象的接口。Jet 数据库引擎是一种用来访问 Microsoft Access 表和其他数据源的记录和字段的技术。对于单一系统的数据库应用程序来说，DAO 依然很受欢迎并且非常有效；在中等规模工作组的网络中，DAO 也有少量的应用。

（2）RDO——远程数据对象（RDO）方式是提供给开放数据库互连（ODBC）数据源的面向对象的接口。RDO 是开发 Microsoft SQL Server、Oracle 和其他大型关系数据库应用程序的绝大多数数据库开发者使用的对象模型。

（3）ADO——ActiveX 数据对象（ADO）方式是 DAO 和 RDO 方式的继承者，它也有一个类似的对象模式。在 ADO 方式中，可编程对象展示了你的计算机上所有可获取的本地和远程数据源。在 VB 6.0 专业版中，通过使用新的 ADO 控件、把数据对象绑定到内置控件和 ActiveX 控件、创建 DHTML 应用程序以及通过使用新的数据环境设计器等方法，都可以访问这些可编程数据对象。

在本章中将介绍使用 ADO 方式创建数据库应用程序。

9.2　可视化数据管理器

任务 2：掌握关系数据库的基本结构及可视化数据管理器的使用，能运用可视化数据管理器创建学生课程管理系统数据库。

9.2.1　建立数据库

1．关系数据库的基本结构

采用关系模型的数据库称为关系数据库。由于关系数据库具有坚实的数学理论基础，可采用现代数学理论和方法对数据进行处理，因此获得了最广泛的应用，成为目前最流行的数据库系统。关系型数据库把数据组织成一张或多张二维的表格。例如，学生课程管理系统中有学生表、课程表、班级表、选课表 4 张表，图 9-2 列出了其中 3 张表的数据。

2．关系型数据库常用术语

（1）记录（Record）：数据表中的每一行数据称作该表中的一条记录。

（2）字段或域（Field）：数据表中的每一列称为一个字段，表头（第一行）的内容为各字段的名称。

（3）数据表（Table 表）：相关数据组成的二维表格。

如上例学生课程管理系统中的学生表中有 4 条记录,有学号、姓名、性别、出生日期、班级号、系列、专业 7 个字段。

学号	姓名	性别	出生日期	班级号	系别	专业
090180018	潘娇	女	1988-7-2	0180	信息工程学院	计算机信息管理
090180026	李玉辉	女	1989-6-30	0180	信息工程学院	计算机信息管理
090180033	刘熙琳	男	1987-4-23	0180	信息工程学院	计算机信息管理
090180019	周静娟	女	1990-2-9	0180	信息工程学院	计算机信息管理

(a) 学生表

班级号	班主任	人数
0180	张红	40
0276	李丹	45
0380	李虎	38

(b) 班级表

课程号	课程名	学分
006	网络安全技术	3
010	Java程序设计	3.5
011	计算机组装维护	2.5

(c) 课程表

图 9-2 学生课程管理系统

3.建立数据库表结构

建立数据表,其实质就是确定数据库的结构。通过 VB 提供的可视化数据管理器,不仅可以建立数据库,还可以修改数据库结构、插入或删除记录等。

(1)启动数据管理器。

在 VB 的集成环境窗口中,选择"外接程序"菜单中的"可视化数据管理器"命令,就进入了数据库设计界面,如图 9-3 所示。

> 数据库管理器所对应的可执行文件是 Visual Basic 安装目录中的 VisData.exe。

(2)建立数据库。

单击"文件"菜单中的"新建"命令,在其级联菜单中选择"MicroSoft Access Version 7.0 MDB"命令,在出现的对话框中,将要建立的数据库文件保存为 xskcgl.mdb。屏幕显示如图 9-4 所示。刚建立的数据库窗口中除本身属性外没有任何数据表。

图 9-3 "VisData"窗口

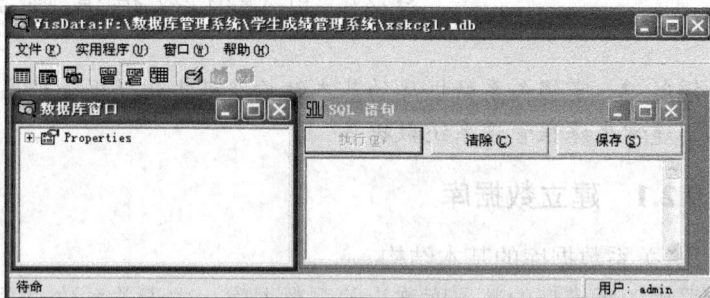

图 9-4 新建数据库窗口

(3)建立数据库表结构。

建立数据库表结构就是确定数据表的字段以及每个字段的字段名、类型和长度等信息。下面以学生课程管理系统中的学生表为例说明建立数据表结构的操作。学生表结构如表 9-1 所示。

表 9-1 学生表结构

字 段 名	类 型	大 小	说 明
xh	文本	10	学号(索引)
xm	文本	8	姓名

字　段　名	类　　型	大　　小	说　　明
xb	文本	2	性别
csrq	日期		出生日期
bjh	文本	4	班级号
xib	文本	20	系别
zy	文本	20	专业

在数据库窗口中单击鼠标右键，在弹出菜单中选择"新建表"命令。弹出"表结构"对话框，如图 9-5 所示。利用该对话框可建立数据表的结构。

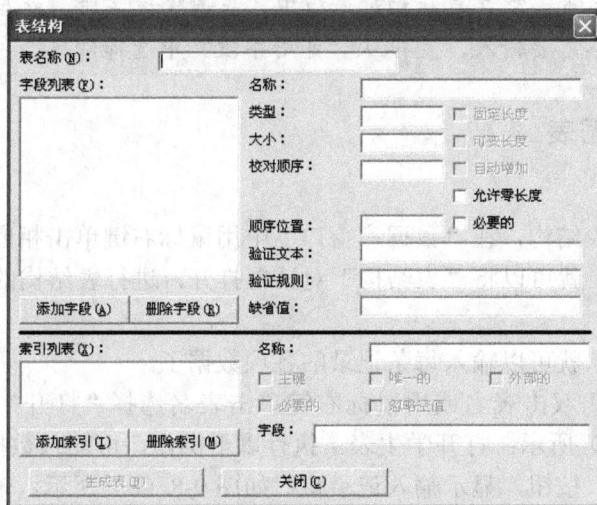

图 9-5　"表结构"对话框

参照表 9-1 输入学生表表结构。首先输入表名称：xsb。

① 添加字段：在"表结构"对话框中单击"添加字段"按钮，打开"添加字段"对话框，如图 9-6 所示。在"添加字段"对话框中，分别输入每个字段的名称、类型和大小。如学号字段："xh"、"Text"、"10"，然后单击"确定"按钮，第一个字段添加好了，继续在"添加字段"对话框中依次输入各个字段的名称、类型和大小。所有字段添加完毕，单击"关闭"按钮，返回"表结构"对话框。

② 删除字段：在"表结构"对话框中，选中要删除字段，然后单击"删除字段"按钮即可。

③ 添加索引：为了提高搜索速度，还要将表中的某些字段设置为索引（Index）。在"表结构"对话框中单击"添加索引"按钮，出现"添加索引"对话框，如图 9-7 所示。输入索引名，与索引字段。如学生表中以"xh"作为索引字段，在可用字段中选择"xh"，在名称中输入索引名为"xuehao"。

④ 删除索引：在"表结构"对话框中单击"删除索引"按钮，可删除已设置的索引。

⑤ 生成表：单击"表结构"对话框中的"生成表"按钮，就会生成数据表 xsb，并出现在数据库窗口中，至此，学生表建立完毕，在数据库窗口可看到学生表名"xsb"。

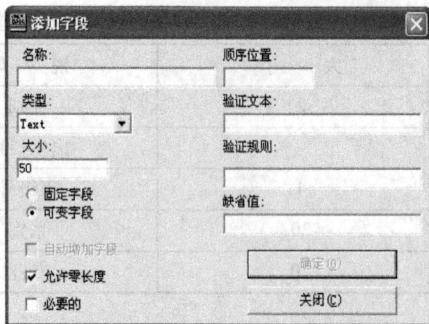

图 9-6 "添加字段"对话框　　　　　　图 9-7 "添加索引"对话框

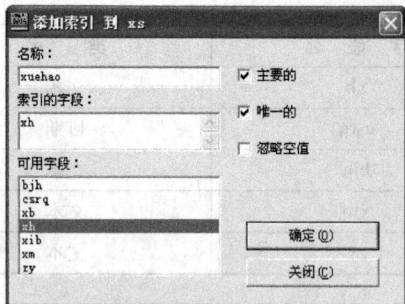

> 要修改字段，需在表结构对话框中，先删除该字段，然后重新添加字段。"索引的字段"不需要输入，直接从"可用字段"中选择即可。

9.2.2　编辑数据表

1．修改表结构

如果要修改数据表结构，在"数据库窗口"中用鼠标右键单击相应的表名，在快捷菜单中选择"设计"命令，就可以将"表结构"对话框打开，进行表结构的修改。

2．输入记录

表结构定义好后，就可以输入每条记录的各项数据了。

在"数据库窗口"双击表名或用鼠标右键单击表名选择"打开"命令，出现数据表管理窗口，如图 9-8（a）所示：打开学生表。执行以下操作，可输入数据记录。

（1）单击"添加"按钮，显示输入记录窗口如图 9-8（b）所示，输入每个字段的值。

（2）单击"更新"按钮，确认当前输入有效，同时会关闭输入记录窗口，回到数据表管理窗口。

（3）按照以上步骤，依次输入所有记录。

（4）单击数据表管理窗口"关闭"按钮，结束数据录入。

3．编辑、删除记录

打开图 9-8（a）所示的数据表管理窗口，单击"编辑"或"删除"按钮，就可编辑、删除记录。

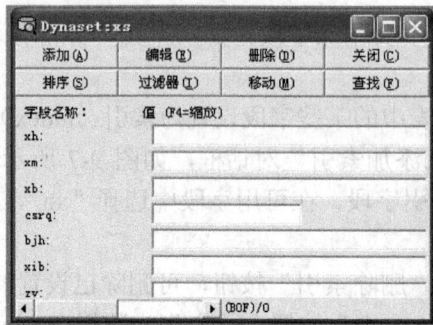

（a）数据表管理窗口　　　　　　（b）输入记录

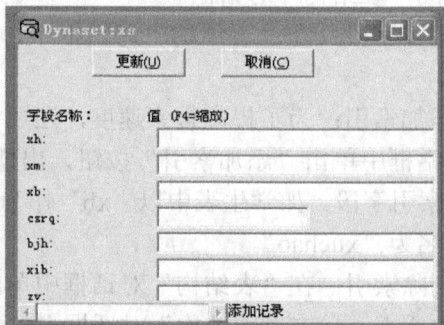

图 9-8　数据表管理窗口

9.2.3　课堂实例 1——建立学生课程管理系统数据库

【实例学习目标】

运用 VB 6.0 建立学生课程管理系统数据库。其中有 4 张表：学生表、课程表、班级表、选课表。学生表表结构如表 9-1 所示。其他表表结构如表 9-2 所示。通过该实例的学习掌握使用可视化数据管理器建立数据库、建立表及录入数据的方法与步骤。

【实例程序实现】

表 9-2　　　　　　　　　　　　　学生课程管理系统数据库中的表结构

表　　名	字　段　名	类　　型	大　　小	说　　明
课程表	kch	文本	3	课程编号（索引）
	kcm	文本	20	课程名
	xf	数值		学分
班级表	bjh	文本	4	班级编号（索引）
	bzr	文本	8	班主任
	rs	数值		班级人数
选课表	xh	文本	10	学号（索引）
	kch	文本	3	课程编号（索引）
	cj	数值		成绩

（1）打开可视化数据管理器，新建一个数据库命名为 xskcgl.mdb。

（2）新建表，打开"表结构"对话框，按照表 9-1 创建学生表（表名 xsb），按照表 9-2 创建课程表（表名 kcb）、班级表（表名 bjb）、选课表（选课表 xkb）。

（3）打开数据表管理窗口，依次输入各表的记录（参考图 9-2 各表数据）。

9.3　ADO 数据访问对象

任务 3：掌握 ADO 数据访问对象的使用，实现学生课程管理系统中数据的添加、删除、修改。

9.3.1　ADO 数据访问对象概述

ADO 是 ActiveX Data Object 的简称。它是 OLE DB 的一种开发接口。OLE DB 是一种开放规范，用于在开放式数据库连接（ODBC）上创建应用程序编程接口（API）。解决不同类型数据访问的一个很好的方案，就是使用 OLE DB 作为数据提供者，使用 ADO 作为数据访问技术。ADO 为 OLE DB 提供了应用程序级的接口，使开发人员可以访问数据。它是在 VB6.0 中引入的，是微软的最新数据访问技术，提供对以任何格式存储的任何数据的访问。

ADO 对象模型定义了一个可编程的分层对象集合，主要由 3 个对象成员（Connection、

Command 和 Recordset 对象），以及几个集合对象（Errors、Parameters 和 Fields 等）所组成，如图 9-9 所示。具体模型描述见表 9-3。

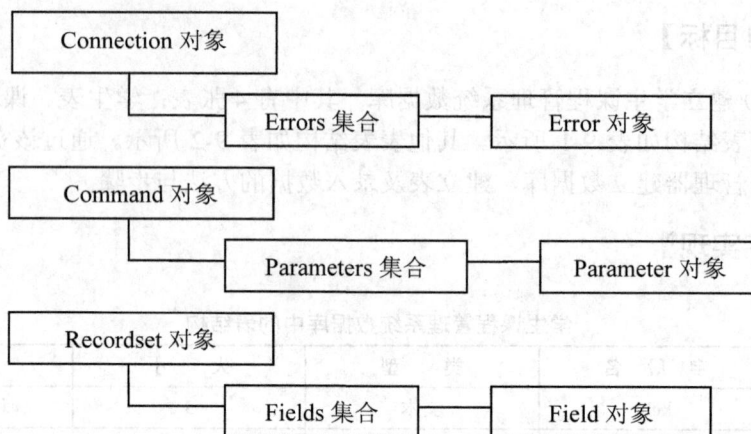

图 9-9　ADO 对象模型

表 9-3　　　　　　　　　　　　　　　　ADO 对象描述

对 象 名	描 述
Connection	指定连接数据来源
Command	发出命令信息从数据源获取所需数据
Recordset	由一组记录组成的记录集
Error	访问数据源时所返回的错误信息
Parameter	与命令对象有关的参数
Field	记录集中某个字段的信息

9.3.2　ADO Data 控件

ADO 数据控件是个 ActiveX 控件，在程序中使用该控件之前，必须先把它添加到工具箱中（Microsoft ADO Data Control 6.0）。单击"工程"菜单的"部件"命令，就会出现如图 9-10 所示的对话框，选中"Microsoft ADO Data Control 6.0"复选框，单击"确定"按钮，就把该控件添加到工具箱中。

1．在窗体上添加 ADO 控件

单击工具箱中的 ADO 控件，在窗体上创建一个较小的矩形 ADO 对象。第一个控件的默认名称为 Adodc1，如图 9-11 所示。

ADO 控件共有 4 个箭头按钮，它们是数据库的导航装置。程序运行时，当此对象可见并且连接到适当的数据库后，就可以单击最左面的箭头移动到数据库的第一条记录，单击最右面的箭头移动到数据库的最后一条记录，中间两个箭头分别移动到前一条记录或后一条记录。

2．ADO 控件的属性设置

使用 ADO 控件访问数据库，通常需要设置以下两个属性，以与某个数据库连接，下面用一个例子说明。

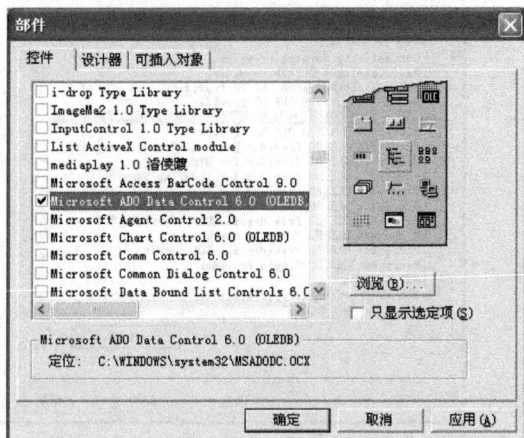

图 9-10　"部件"对话框

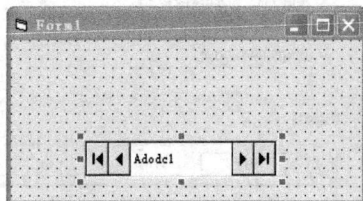

图 9-11　添加 ADO 控件

【例 9.1】　利用 ADO 控件建立与数据库 xskcgl.mdb 中学生表的连接。

在窗体上添加一个 ADO 控件，命名为 Adodc1。设置如下两个属性。

（1）ConnectionString 属性。

该属性可以创建数据源的连接，指定了将要访问的数据库的类型和位置。在 ADO Data 控件属性窗口中单击 ConnectionString 属性旁的省略号，打开"属性页"对话框，如图 9-12 所示。

➢　使用数据连接文件。

这个选项指定一个连接到数据源的自定义的连接字符串，单击旁边的"浏览"按钮可以选择一个连接文件。

➢　使用 ODBC 数据源名称。

这个选项允许使用一个系统定义好的数据源名称（DSN）来作为连接字符串。可以在组合框中的数据源列表中进行选择，使用旁边的"添加"按钮可以添加或修改 DSN。

➢　使用连接字符串。

这个选项定义一个到数据源的连接字符串。单击"生成"按钮弹出"数据连接属性"对话框，在这个对话框中可以指定提供者的名称、连接以及其他的要求信息。

本例中，使用连接字符串，选中"使用连接字符串"单选按钮，单击"生成"按钮，出现"数据链接属性"对话框，如图 9-13 所示。在"提供者"选项卡上选择"Microsoft.Jet 3.51 OLE DB Provider"选项，然后单击"下一步"按钮，显示"连接"选项卡，在第一个文本框中输入或选取要打开的数据库 xskcgl.mdb，单击"测试连接"按钮可以检测数据库连接是否成功，如图 9-14 所示。

（2）RecordSource 属性。

RecordSource 属性指定记录从何而来，也就是确定记录的来源。RecordSource 属性可以设置为数据库表名、存储过程名或 SQL 语句。设置该属性可以在属性窗口的 RecordSource 属性右边单击省略号，打开属性页，如图 9-15 所示。

在"命令类型"选项中给出了 4 种类型，具体含义如表 9-4 所示。

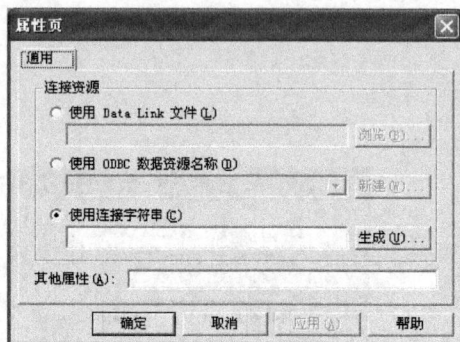

图 9-12 ConnectionString 属性对话框

图 9-13 "提供程序"选项卡

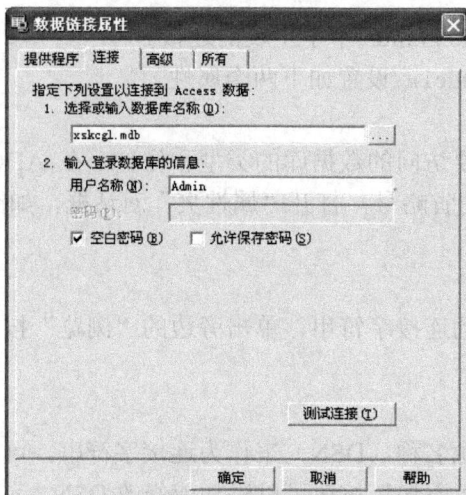

图 9-14 "连接"选项卡

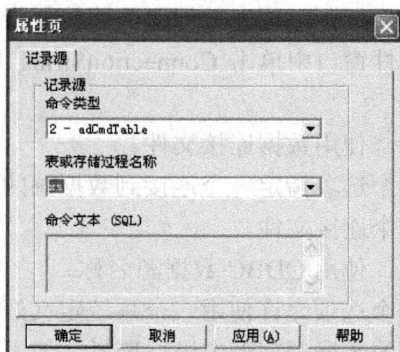

图 9-15 "记录源"选项卡

表 9-4   记录源"命令类型"表

值	VB 常量	含　义
1	AdCmdText	未知命令，缺省值
2	AdCmdTable	允许在命令文本框中指定一个 SQL 语句
4	AdCmdStoredProc	显示数据库中的所有表
8	AdCmdUnknow	显示数据库中所有有效的查询和存储过程

如本例中要使用表 xsb，则在命令类型中选择 AdCmdTable，在"表或存储过程名称"列表中选择表 xsb。单击"确定"按钮，属性设置完成。

3．绑定控件

ADO 控件不能直接显示记录集中的数据，必须通过绑定控件来实现记录集中数据的显示、更新等操作。

数据绑定控件是指具有 DataSource 和 DataField 属性的控件，常用的绑定控件有标签、文本框、复选框、组合框、图片框和图像框等。

（1）DataSource 属性：该属性用于指定控件连接数据库时使用的数据源。DataSource 属性必须在设计时通过属性窗口设置。

（2）DataField 属性：指定一个由数据源创建的 RecordSet 对象中的合法字段名。即通过该属性可以确定绑定控件显示的是哪个字段的值。该属性可以在属性窗口中设置，也可以通过代码窗口在运行时设置。如：Text1.field= "学号"。

9.3.3　课堂实例 2——在窗体上显示 xskcgl 数据库中 xsb 表的数据

【实例学习目标】

本实例中练习 ADO 控件属性的设置及绑定控件属性设置，在本例中不需要写任何代码即可浏览 xsb 表中数据。通过本例的练习大家可掌握 ADO 控件与绑定控件结合访问数据库的操作步骤。

【实例程序实现】

（1）设计窗体：启动 VB，创建一个新工程，在窗体 Form1 中添加 7 个标签控件、7 个文本框控件、一个 ADO 控件、一个命令按钮控件。

（2）设置 ADO 控件的属性，参考例 9-1。

（3）设置文本框控件的绑定属性，如表 9-5 所示。

表 9-5　　　　　　　　　　　　文本框控件的绑定属性设置

控 件 名	属 性	属 性 值	说 明
Text1	RecordSource	Adodc1	与 xsb 表中的 xh 字段绑定
	DataField	xh	
Text2	RecordSource	Adodc1	与 xsb 表中的 xm 字段绑定
	DataField	xm	
Text3	RecordSource	Adodc1	与 xsb 表中的 xb 字段绑定
	DataField	xb	
Text4	RecordSource	Adodc1	与 xsb 表中的 csrq 字段绑定
	DataField	csrq	
Text5	RecordSource	Adodc1	与 xsb 表中的 bjh 字段绑定
	DataField	bjh	
Text6	RecordSource	Adodc1	与 xsb 表中的 xib 字段绑定
	DataField	xib	
Text7	RecordSource	Adodc1	与 xsb 表中的 zy 字段绑定
	DataField	zy	

（4）命令控钮控件命名为 CmdExit，标题设为"结束程序"。编写事件过程如下。

```
Private Sub CmdExit_Click()
    End
End Sub
```

（5）将窗体标题设为"学生信息"，调整控件大小与布局。

运行程序界面如图 9-16 所示。

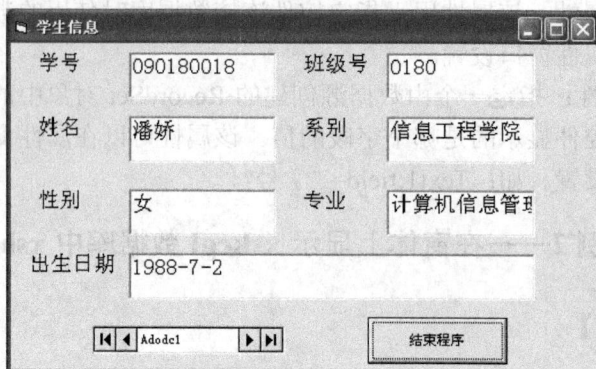

图 9-16 课堂实例 2 运行界面

单击 Adodcl 控件的箭头按钮可移动记录指针，在文本框中就会显示出相应记录的数据。

9.3.4 ActiveX 数据对象模型

ADO 数据对象（ADO）模型定义了一个可编程的分层的对象集合，它支持部件对象模型和 OLE DB 数据源。ADO 对象模型（见图 9-9）主要包括 Connection 对象、Command 对象和 Recordset 对象等。

Connection 对象用于建立与数据源的连接。连接是交换数据所必需的环境，通过连接，可使应用程序访问数据源。

Command 对象描述将对数据源执行的命令。在建立 Command 后，可以发出命令操作数据源。一般情况下，命令可以在数据源中添加、删除或更新数据，或者在表中查询数据。

Recordset 对象只代表记录集，是基于某一连接的表或是 Command 对象的执行结果。Recorset 对象是在行中检查和修改数据最主要的方法，常用于指定行、移动行，添加、删除或更改行。

使用 ADO 对象模型的 Connection、Command 和 Recordset 对象编程之前，应将 ADO 函数库设置为引用项目。这可通过在"工程"菜单中的"引用"命令对话框中选择"Microsoft ActiveX Data Object 2.1 Library"来实现。

典型的基于 ADO 存取数据的应用程序步骤如下。

➢   连接数据源。

➢   打开记录集对象。

➢   使用记录集。

➢   断开连接。

1. 连接数据源

（1）创建 Connection 对象，方法如下：

  Dim con As ADODB.Connection

   Set con=New Connection

或：Dim con As New Connection

ADODB 是程序标识符，它允许创建 Connection 对象。建立连接对象后，可以利用 Connection 对象的 Open 方法来打开数据库并与之建立连接。语法如下：

Connection 对象.Open ConnectionString

ConnectionString 是建立 Connection 对象前用来建立到数据源的连接的信息。格式如下：

" 参数 1=参数 1 的值；参数 2=参数 2 的值；…… "

它的主要参数如下。

➢ Provider：指定数据库 OLE DB 的提供者，识别连接的数据库的类型。

➢ Data Source：指定连接数据源的名称。

➢ User ID：指定打开连接时使用的用户的名称。

➢ Password：指定打开连接时使用的密码。

不同 OLE 提供者的 Provider 参数值不同，如表 9-6 所示。

表 9-6   Provider 参数值

Provider	参 数 值
Microsoft Jet	Microsoft.Jet.OLEDB.3.51
Oracle	MSDAORA
Microsoft ODBC Driver	MSDASQL
SQL Server	SQLOLEDB

（2）连接数据库。

连接到 Access 数据文件 ConnectionString 参数设置，可以使用指定 OLE DB 提供者和连接字符串来连接 Access 数据文件。

例如，连接到 xskcgl 数据库，文件名及路径为 E:\xskcgl\xskcgl.mdb：

```
set con=new ADODB.connection
    con.Open "provider=Microsoft.Jet.OLEDB.4.0; Data Source=E:\xskcgl\xskcgl.mdb;"_
&"Persist Security Info=False"
```

如果数据库有密码（设"sa"为管理员名，"123"为系统管理员密码），则代码如下：

```
set con=new ADODB.connection

con.Open "Provider=Microsoft.Jet.OLEDB．4.0 DataSource= c:\library.mdb；"&"_

    User ID=sa；   Password=123；   Persist Security Info=True "
```

2．打开记录集

记录集（Recordset）对象是 ADO 操作中最常用的对象。记录集返回的是一个从数据库取回的查询结果集，可以使用记录集的 Open 方法打开记录集。语法格式如下：

```
 Recordset.Open Source, ActiveConnection,   CursorType, LockType
```

功能：打开游标。所谓游标是从数据源返回的满足 SQL 语句所规定的条件的行的集合。Open 后面的参数均为可选项参数。

其参数说明如下。

（1）Recordset 为所定义的记录集对象的实例。

（2）Source 为可选项，指明了所打开的记录源信息，可以是合法的命令、对象变量名、SQL 语句、表名、存储过程调用或保存记录集的文件名。

（3）ActiveConnection 为可选项。可以是合法的已打开的 Connection 对象的变量名或者是包含 ConnectionString 参数的字符串。

（4）CursorType 为可选项。确定打开记录集对象使用的游标类型，如表 9-7 所示。

（5）LockType 为可选项。确定打开记录集对象使用的加锁类型，如表 9-8 所示。

表 9-7 游标类型

游标类型	说　明
AdOpenForwardOnly	仅向前游标，仅允许在记录中向前滚动，其行为类似动态游标，即只可以从头到尾搜索行（缺省值）
AdOpenKeyset	键集游标，其行为类似动态游标，不同的只是禁止查看其他用户添加或删除的记录，但其他用户所做的数据更改仍然可见
AdOpenDynamic	动态游标，用于查看其他用户的添加、更改和删除操作
AdOpenStatic	静态游标，提供记录集合的表态副本以查找数据或生成报告，因此其他用户所做的添加、更改操作将不可见

表 9-8 加锁类型

加锁值	说　明
adLockReadOnly	只读，不能改变数据（默认值）
adLockPessimistic	保守式锁定（逐个），为确保成功编辑记录，在编辑时立即锁定数据源的记录
adLockOptimistic	开放式锁定（逐个），只在调用 Updata 方法时才锁定记录

【例 9.2】 打开和建立一个记录集。使用的表是 xsb 表，数据库路径为：E:\xskcgl\xskcgl.mdb，其游标类型为仅向前游标，只读方式。

```
Sub ADOopenRecords()
    Dim cnn As ADODB.Connection          '声明连接对象变量
    Dim rst As ADODB.Recordset           '声明记录集对象变量
    Dim fld As ADODB.Field
        '打开连接
    cnn.Open"provider=Microsoft.Jet.OLEDB.4.0;DataSource=E:\xskcgl\xskcgl.mdb;" , forward_only,read_only
    rst.Open "select * from xsb where xb='男'",cnn, adOpenForwardOnly, adLockReadOnly

End Sub
```

3．使用记录集

本部分内容的阐述均使用例 9.2 中建立的连接对象和记录集对象为例。

（1）显示记录集中的数据。

使用记录集对象的 Fields 属性，可访问每个字段的值。例如，用字段名作为参数：

```
Text1=rst.Fields("xh")                   'Text1 中显示学号字段的值
Text2=rst.Fields("xm")                   'Text2 中显示姓名字段的值
```

用字段在表结构中的顺序号作为参数，第一个字段序号 0，依此类推。参照表 9-1，示例如下：

```
Text1=rst.Fields(0)                      'Text1 中显示学号字段的值
Text2=rst.Fields(1)                      'Text2 中显示姓名字段的值
```

使用感叹号（！）来描述，例如，

```
Text1=rst！xh
Text2=rst！xm
```

（2）浏览记录。

① Bof 和 Eof 属性。

对记录集中的记录浏览时，用这两个属性可以判断记录指针是否超出有效范围：当记录指针指向首记录之前时，Bof 的属性值为 True；当记录指针指向最后一条记录后面时，Eof 的属性值为 True。

> 如果 Bof 和 Eof 的属性值都为 True，则记录集为空。

② AbsolutPosition 属性。

AbsolutPosition 属性可返回当前记录指针的位置。当记录指针指向第一条记录时，该属性的值为 0。该属性为只读属性，不允许在程序中进行赋值或更改。

③ RecordCount 属性。

RecordCount 属性返回记录集的记录总数。

④ Move 方法组。

Move 方法组用于移动记录指针，有以下四种方法。

➢ MoveFirst：移动记录指针至第一条记录。

➢ MoveLast：移动记录指针至最后一条记录。

➢ MovePrevious：将记录指针向前移一条记录。

➢ MoveNext：将记录指针向后移一条记录。

如将记录指针向前移动一条记录，示例代码如下：

```
rst.MovePrevious
Rem 判断记录指针是否指向第一条记录之前，如果是则发出提示信息，并将记录指针定 Rem 位到第一条记录
If rst.Bof Then
    MsgBox "已经是最后条一条记录！"
    rst.MoveFirst
End If
```

> 如果当前记录指针已指向第一条记录，执行 MovePrevious 方法后，Bof 的值变为 True，表明已到达记录集的开头，如果此时再执行 MovePrevious 方法，则系统会出错。同理，执行 MoveNext 方法时也会出现系统出错的情况。

（3）查找记录。

使用记录集对象的 Find 方法，可以在记录集中查找满足某个条件的记录。Find(ADO)方法的调用语法是：

rstName.Find   Criteria [, SkipRecords, SearchDirection [, Start]]

参数说明：

➢ Criteria：字符串类型，包含用于搜索的指定列名、比较操作符和值的语句。比较只是针对于表中的单个字段。比较符仅限于"="、">"、"<"、">="、"<="和"LIKE"。

➢ SkipRecords 可选参数。是长整型值，默认值为零。它指定当前行或 start 书签的位移以开始搜索。

➢ SearchDirection 可选参数。指定搜索应从当前行还是搜索方向上的下一个有效行开始。其值可为 adSearchForward 或 adSearchBackward。搜索停止在记录集的开始还是末尾则取决于 searchDirection 值。

➢ start 可选参数。变体型书签，用作搜索的开始位置。

例如，查找所有男生的记录：

```
rst.find    "xb='男' "
```

（4）增加、修改记录。

使用记录集对象的 AddNew 方法与 Update 方法，可实现数据的添加、修改。

增加记录步骤如下。

① 调用 AddNew 方法，插入一空行。

② 输入数据，对当前记录的相关字段属性赋值。

③ 调用 Update 方法，确认增加。

假设在 Text1 与 Text2 中输入了新的学号与姓名值，向记录集添加记录方法如下。

```
rst.AddNew
rst!xh=text1
rst!xm=text2
rst.Update
```

修改记录步骤如下。

① 对当前记录某字段属性赋值。

② 调用 Update 方法，确认修改。

（5）删除记录。

使用记录集对象的 Delete 方法可以删除当前记录。该方法一次只删除一个记录，记录删除后，在数据库中就不再存在。但在记录指针移动之前，它仍是当前记录，记录指针移动后，它就不可以再访问了。具体实现方法如下。

```
Private Sub CmdDel_Click()
    Dim i As Integer
    i = MsgBox("确认要删除该记录吗？", vbYesNo)
    If i = vbYes Then
        rst.Delete
        ret.MoveLast
    Else
        Exit Sub
    End If
End Sub
```

记录删除后一定要移动记录指针，使其指向有效记录。

（6）关闭记录集。

调用记录集的 Close 方法关闭打开的记录集。如关闭记录集 rst，代码如下：

  rst.close

4．关闭连接

调用 Connection 对象的 Close 方法关闭打开的连接。如关闭连接 con，代码如下：

  con.Close

9.3.5　课堂实例 3——使用 ADO 数据对象访问学生信息

【实例学习目标】

实例通过 ADO 对象建立与数据库的连接，运用连接对象与记录集对象的属性、方法实现对数据库 xskcgl 访问，能浏览学生表信息，向表中添加数据，修改、删除表中数据。通过本实例学习掌握 ADO 对象操作数据库的方法与步骤。

【实例程序实现】

1．ADO 库的引用

为了使用 ADO 对象编程，必须在程序中引入 ADO 对象。引入 ADO 对象的方法是选择菜单"工程"|"引用"，在弹出对话框的列表框中选择"Microsoft ActiveX Data Objects 2.0 Library"。

2．界面设计

新建一个工程，在窗体上添加两个框架，一个标签数组 Label1(0)～Label1(6)，一个文本框控件数组 Text1(0)～Text1(6)，一个命令按钮控件数组 cmdMove(0)～cmdMove(3)，六个命令按钮控件。

3．属性设置

在属性窗口中设置相关控件属性，如表 9-9 所示。程序界面如图 9-17 所示。

表 9-9　　　　　　　　　　　　　　课堂实例 3 属性设置

对　象	属　性	属　性　值	对　象	属　性	属　性　值
Form1	Caption	学生信息管理	Text1(0)	Index	0
Label1(0)	Index	0		Text	空
	Caption	学号	Text1(1)	Index	1
Label1(1)	Index	1		Text	空
	Caption	姓名	Text1(2)	Index	2
Label1(2)	Index	2		Text	空
	Caption	性别	Text1(3)	Index	3
Label1(3)	Index	3		Text	空
	Caption	出生日期	Text1(4)	Index	4
Label1(4)	Index	4		Text	空
	Caption	班级号	Text1(5)	Index	5
Label1(5)	Index	5		Text	空
	Caption	系别	Text1(6)	Index	6
Label1(6)	Index	6		Text	空
	Caption	专业	Command2	Name	cmdAdd

续表

对　象	属　性	属　性　值	对　象	属　性	属　性　值
cmdMove(0)	Index	0	Command2	Caption	添加
	Caption	第一条	Command3	Name	cmdEdit
cmdMove(1)	Index	1		Caption	修改
	Caption	上一条	Command4	Name	cmdSave
cmdMove(2)	Index	2		Caption	保存
	Caption	下一条	Command5	Name	cmdDelete
cmdMove(3)	Index	3		Caption	删除
	Caption	最后一条	Command6	Name	cmdCancel
Frame1	Caption	浏览记录		Caption	取消
Frame2	Caption	操作	Command7	Name	cmdExit
				Caption	退出

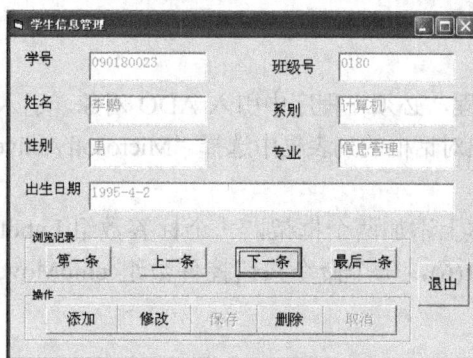

图 9-17　课堂实例 3 运行界面

4. 实例代码

```
Dim rs As New ADODB.Recordset                '声明数据库连接对象
Dim cnn As ADODB.Connection                  '声明记录集对象
Private Sub Form_Load()                      '窗体加载
    Set cnn = New ADODB.Connection
    cnn.Open "provider=Microsoft.Jet.OLEDB.4.0; Data Source=f:\xskcgl\xskcgl.mdb;Persist Security Info=False"
    Set rs = New ADODB.Recordset
    rs.Open "select * from xsb", cnn, adOpenDynamic, adLockOptimistic
                                             '打开动态类型游标
    If rs.BOF And rs.EOF Then
        MsgBox "表中无记录！"
    Else
    rs.MoveFirst
    Call viewdata
    End If
```

```
    For i = 0 To 6
       Text1(i).Enabled = False
    Next i
    cmdSave.Enabled = False
    cmdCancel.Enabled = False
End Sub
Private Sub viewdata()                          '浏览数据
    On Error Resume Next
    Text1(0).Text = rs.Fields("xh")
    Text1(1).Text = rs.Fields("xm")
    Text1(2).Text = rs.Fields("xb")
    Text1(3).Text = rs.Fields("csrq")
    Text1(4).Text = rs.Fields("bjh")
    Text1(5).Text = rs.Fields("xieb")
    Text1(6).Text = rs.Fields("zy")
End Sub
Private Sub cmdAdd_Click()                       '增加记录
    rs.AddNew
    For i = 0 To 6
       Text1(i).Enabled = True
       Text1(i).Text = ""
    Next i
    Text1(0).SetFocus
    cmdAdd.Enabled = False
    cmdDelete.Enabled = False
    cmdEdit.Enabled = False
    cmdSave.Enabled = True
    cmdCancel.Enabled = True
    cmdMove(0).Enabled = False
    cmdMove(1).Enabled = False
    cmdMove(2).Enabled = False
    cmdMove(3).Enabled = False
End Sub
Private Sub cmdDelete_Click()                    '删除记录
    Dim myval As String
    myval = MsgBox ("是否要删除该记录？", vbYesNo)
    If myval = vbYes Then
       rs.Delete
       rs.MoveNext
```

```
        If rs.EOF Then rs.MoveLast
        Call viewdata
        For i = 0 To 5
            Text1(i).Enabled = False
        Next i
    End If
End Sub
Private Sub cmdEdit_Click()                              '编辑记录
    If rs.RecordCount <> 0 Then
        For i = 0 To 5
            Text1(i).Enabled = True
        Next i
        cmdSave.Enabled = True
        cmdCancel.Enabled = True
        cmdAdd.Enabled = False
        cmdEdit.Enabled = False
        cmdDelete.Enabled = False
        cmdMove(0).Enabled = False
        cmdMove(1).Enabled = False
        cmdMove(2).Enabled = False
        cmdMove(3).Enabled = False
    Else
        MsgBox ("没有要修改的记录！")
    End If
End Sub
Private Sub cmdSave_Click()                              '保存记录
    If Text1(0).Text = "" Then
        MsgBox "学号不能为空！"
        Text1(0).SetFocus
        Exit Sub
    End If
    rs.Fields("xh") = Text1(0).Text
    rs.Fields("xm") = Text1(1).Text
    rs.Fields("xb") = Text1(2).Text
    rs.Fields("csrq") = Text1(3).Text
    rs.Fields("bjh") = Text1(4).Text
    rs.Fields("xib") = Text1(5).Text
    rs.Fields("zy") = Text1(6).Text
    rs.Update
```

```
        For i = 0 To 6
            Text1(i).Enabled = False
        Next i
        cmdSave.Enabled = False
        cmdCancel.Enabled = False
    cmdAdd.Enabled = True
        cmdEdit.Enabled = True
        cmdDelete.Enabled = True
        cmdMove(0).Enabled = True
        cmdMove(1).Enabled = True
        cmdMove(2).Enabled = True
        cmdMove(3).Enabled = True
End Sub
Private Sub cmdCancel_Click()                    '放弃修改
    rs.CancelUpdate
    rs.MoveFirst
    Call viewdata
    For i = 0 To 6
        Text1(i).Enabled = False
    Next i
    cmdSave.Enabled = False
    cmdCancel.Enabled = False
    cmdAdd.Enabled = True
    cmdEdit.Enabled = True
    cmdDelete.Enabled = True
    cmdMove(0).Enabled = True
    cmdMove(1).Enabled = True
    cmdMove(2).Enabled = True
    cmdMove(3).Enabled = True
End Sub
Private Sub cmdMove_Click(Index As Integer)        '移动记录指针
Select Case Index
    Case 0
        rs.MoveFirst
    Case 1
        rs.MovePrevious
        If rs.BOF Then rs.MoveFirst
    Case 2
        rs.MoveNext
```

```
            If rs.EOF Then rs.MoveLast
        Case 3
            rs.MoveLast
    End Select
        Call viewdata
    End Sub
    Private Sub cmdExit_Click()
        rs.Close
        cnn.Close
        Unload Me
    End Sub
```

思考与练习

1．指出记录、字段、数据表、数据库的含义。

2．Access 数据库采用什么样的数据模型？数据库的扩展名是什么？

3．ADO、RDO、DAO 之间有什么区别？

【课外实践与拓展】

结合课堂实例 1 中所建立的数据库及其中的 3 张数据表（xsb, kcb, xkb）设计一个简单的学生选课管理系统，要求采用 ADO 对象实现。系统具有以下功能。

（1）增加数据功能。可以向学生表和课程表中增加数据。

（2）删除数据功能。

（3）数据查询功能。

（4）数据浏览功能。